吴韵汉风文丛

主编 刘志彪

江苏百座建筑

李宁 著

江苏教育出版社

图书在版编目（CIP）数据

江苏百座建筑/李宁著.—南京：江苏教育出版社，2012.12
（吴韵汉风文丛）
ISBN 978-7-5499-2512-4

Ⅰ.①江…　Ⅱ.①李…　Ⅲ.①建筑艺术—江苏省　Ⅳ.①TU-862

中国版本图书馆 CIP 数据核字（2012）第 286518 号

书　　名　江苏百座建筑
作　　者　李　宁
责任编辑　严明瑗
装帧设计　李广玹
出版发行　凤凰出版传媒股份有限公司
　　　　　江苏教育出版社（南京市湖南路 1 号 A 楼　邮编 210009）
苏教网址　http://www.1088.com.cn
照　　排　南京紫藤制版印务中心
印　　刷　江苏凤凰新华印务有限公司（电话 025-68037410）
厂　　址　江苏南京市新港经济技术开发区尧新大道 399 号
开　　本　787 毫米×1092 毫米　1/16
印　　张　13
版　　次　2012 年 12 月第 1 版　2012 年 12 月第 1 次印刷
书　　号　ISBN 978-7-5499-2512-4
定　　价　23.00 元
网店地址　http：//jsfhjy.taobao.com
邮购电话　025-85406265，85400774，短信 02585420909
E - mail　jsep@vip.163.com
盗版举报　025-83658579

《吴韵汉风》文丛

编审委员会名单

序

刘志彪

党的“十八大”报告提出了建设“文化强国”的战略理念，指出“文化是民族的血脉，是人民的精神家园”，并高度重视历史文化的价值和意义，强调要“建设优秀传统文化传承体系，弘扬中华优秀传统文化”。为了探讨和具体实践“传统文化传承体系”，江苏省社会科学院与江苏教育出版社尝试合作编纂了这套《吴韵汉风文丛》。

作为中华文明多元一体的重要组成部分，江苏的历史文化有其独特的贡献和重要的地位。素有“天堂”美誉，久负“文史之乡”美名的江苏，地跨大江南北，壤接内陆和海洋，是为东南富庶锦绣之地；在波澜壮阔的历史发展中，积淀了深厚而辉煌璀璨的古代文明，在经济、政治、社会、文化、教育、人才等领域，都取得了非凡的成就，留下了无数宝贵的文化财富。这既是我们的骄傲，也赋予了我们一份严肃而重大的责任，我们有义务整理、保护和传扬江苏悠久、深厚而丰富的历史文化底蕴和文明成果，以服务于文化强省建设，服务于“两个率先”的战略目标，并为社会主义文化大发展和大繁荣作出应有的贡献。

基于这一认识，本套丛书试图从多个角度鸟瞰江苏历史文化发展的历程与成就，并以图文并茂的形式，具体介绍了江苏有代表性的一百个人、物和事。首批六本分为《江苏百位名人》、《江苏百座建筑》、《江苏百座寺庙》、《江苏百处名胜》、《江苏百项之最》、《江苏百种非遗》。

我们一方面希望这套丛书能成为展示江苏人文魅力的一个窗口；能成为宣传和推介江苏的一部生动教材；能成为人们了解江苏、走近江苏的导游手册。另一方面我们也期望这套丛书能为人们保存一份珍贵的历史记忆，有益于人们更好地了解和认知省情，有助于展示江苏文化大省的形象，提升江苏在全国的地位、影响以及国际知名度，能激发人们爱国、爱乡的乡土情结和民族精神，能增强江苏人民的自豪感、自信心和凝聚力，并以更大的热情投身到建设家乡、发展家乡的热潮中去，人人争创一流业绩，不愧于先人，无负于时代，为我省早日实现现代化、率先建成小康社会而奋斗。

引言

本来，一个从未学过建筑学的人来写这本《江苏百座建筑》是不合适的。但正如我国著名建筑大师梁思成先生在《为什么研究中国建筑》一文中所说："中国建筑既是延续了两千余年的一种工程技术，本身已造成一个艺术系统，许多建筑物便是我们文化的表现，艺术的大宗遗产。"建筑起源于人对于安居的要求，但早已超越了片瓦遮身的纯粹生理的需要，由技进而为艺，承载了数千年人类文化的展示，成为艺术欣赏和哲学思考的对象。从这一方面来看，或许由一个建筑学科的门外汉来写建筑，也不算过分僭越。

建筑是凝固的音乐。建筑虽然是立体的视觉展示，但它的美已经超越了单纯的视觉享受。当夕阳西下，你凝望着一座静默的古寺，比如说，苏州的寒山寺、扬州的大明寺、镇江的金山寺……淡淡的余晖映托出筒瓦的朴素、飞檐的优美、廊柱的伟岸，心中会否响起黄钟大吕的余韵？而南京火车站、南京图书馆新馆那样恢宏大气的现代建筑，又像极了一曲曲壮丽的交响乐。

建筑也是凝固的历史。在南京的紫金山漫步，手抚历经600年沧桑的明城墙，看着巨大的墙砖上多次战乱留下的累累弹孔，历史的画卷便仿佛在眼前徐徐展开。又或者在闹市中随意转个弯，只走上几步，便深入一条窄窄的小巷，一幢幢带有民国初年西洋风格的小楼安静地立在初夏的树荫里，瞬间让你恍惚，似乎时光倒流。而站在南京大学北大楼前的草坪上，眼前爬满常青藤、具有古典气质的北大楼之旁，赫然耸立着江苏第一高楼——紫峰大厦，那极富现代气息的玻璃幕墙与古朴庄严的北大楼形成强烈的对比，俨然便是历史与当下不需言语的交流，此时的震撼，亦非言语所能形容。

江苏有太多美轮美奂的建筑，远非"百座"所能容纳。遗憾的是在这本书中只能撷取精华中的精华，并且对这些艺术瑰宝仅作粗略的介绍，无法写出其神韵。或许有心的读者能够在放下书后，按图索骥，自己站到这些珍品之前，细细品味，静静鉴赏，获得艺术熏陶和心灵的享受，则作者于愿足矣。

目录

引言

宝带桥

宝带桥，又名长桥，是一座始建于唐代的多孔薄墩联拱石桥，位于江苏省苏州市东南葑门外京杭大运河边，横跨古运河和澹台湖之间的玳玳河上，为历代纤道所经。宝带桥以长度而闻名(现长316.8米)，远望如长龙卧在湖口，又似玉带浮于水面，显得秀丽精巧，有“苏州第一桥”之美称。

宝带桥始建于唐元和十一年至十四年(公元816—819年)。据史志记载，唐代沿大运河所筑纤道中断于澹台湖，此处水急波高，不利舟楫，致使粮船滞集。苏州刺史王仲舒献束身宝带，募集资金，延工规划构筑长桥。桥为“挽道”，故一反江南常规，不取“垂虹架空”之石拱型，而设计为“宝带卧波”之长堤型。为使湖水通畅，采用多孔、狭墩结构。

宋、元以后，宝带桥曾失修坍塌。明正统年间(公元1436—1446年)，庐陵周恂如以工部右侍郎巡抚此地，与苏州知府及吴县、长洲知县商议重建此桥。正统十一年(公元1446年)兴工，当年11月落成，“洞其下凡五十有三，而高其中之三，以能巨舰”，即现今所见形式。清同治二年(公元1863年)，英国洋枪队头目戈登为镇压太平军，悍然下令拆去第九孔，致使北端26孔也全部崩塌。抗日战争初期，日军又炸毁南端六孔，直至1956年才得以修复。1982年江苏省人民政府拨款维修，桥貌焕然一新。

现宝带桥以坚硬素朴的金山石筑成，桥宽4.10米，全长316.8

米(内两端砌驳引道 67 米),桥下 53 孔联缀,孔径总长 249.80 米。桥堍呈喇叭形,宽 6.10 米。桥两端原各有青石狮一只,桥北有石碑亭和石塔各一座。第 27 孔与第 28 孔之间水盘石上也有石塔一座。宝带桥桥身之长,桥孔之多,结构之精巧,为中外建桥史上所罕见。

这座桥的设计还具有经济、实用和美观的特点。桥为适应大型船舶通过,在桥中部设三个大孔,其余均设小孔,两旁各拱路面逐渐下降,形成弓形弧线。这样可降低桥面,节省工程。桥址地基软弱,采用木桩基,每墩用直径 15—20 厘米圆木桩 60 根,桩头间用石块嵌紧,上建较窄的条石墩基,坚实可靠,且不阻碍泄洪。从北端计第 27 号墩是由两个桥墩并立而构成的刚性墩,能抵抗单向推力,这种应用联拱的方法,对其他若干个墩能起保护作用。宝带桥不仅改善了大运河和澹台湖之间的交通条件,而且因其构造复杂而又结构轻盈,加上周围有青山绿水相衬,恰似飘动在水乡原野上的一条宝带,构成一幅奇巧多姿的图画。2001 年,宝带桥被国务院批准列入第五批全国重点文物保护单位名单。

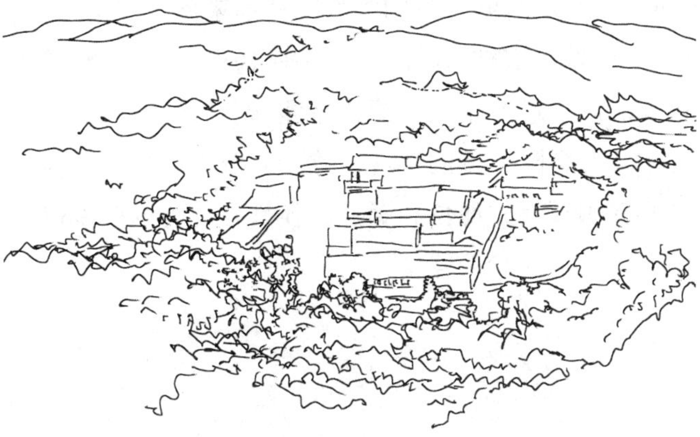

宝华山隆昌寺

镇江句容县西北宝华山上，有一座始建于南北朝梁代天监元年(公元 502 年)、距今已有 1500 多年历史的寺庙——隆昌寺。宝华山山形宛如莲花，周围 36 座山峰似 36 片莲花瓣，而隆昌寺如同莲房一般端坐其中。山间云雾缥缈，一年四季松柏常青，是一处非同寻常的佛教宝地。相传，南朝梁代高僧宝志和尚(民间传说中济公和尚的原型)在此结庵传经，称宝志公庵，即为隆昌寺前身。

隆昌寺初名“千华寺”、“千华社”，明万历年间(公元 1573—1619 年)扩建，明神宗敕赐大藏经及“护国圣化隆昌寺”之名，于是改称隆昌寺。后来隆昌寺多次毁建。清康熙十三年(公元 1674 年)，僧人见月重建。1702 年，清康熙皇帝登宝华山，御书“慧居寺”匾额赐寺，遂改称“慧居寺”。1911 年后复改名“隆昌寺”。

隆昌寺号称有殿宇九百九十九间半，网络独特，四合方形宛若一座法坛。与众不同的是山门面北偏东，既小又僻。原来当时因皇帝驾临寺院，故改山门面北以示接驾。至于山门较小，是因为律宗寺院戒律严格，将山门造小使僧人不能随便进出，也可避去尘俗烦扰。

隆昌寺是佛教律宗祖庭，因戒律严明，被佛教界誉为“律宗第一山”、“律宗首刹”，是明清以来影响最大的传戒道场。《宝华山志》载：“宝华律宗为金陵四百八十大梵之最上者。”明清时期，全国 70%

以上的僧尼均要到此山来受戒，就连东南亚一带的佛教徒亦前来此山受戒，因而它又有“国际佛教学院”之称。寺庙殿宇宏敞，伽蓝千间，曲廊逶迤，大雄宝殿琉璃覆顶，气势森严。用大理石砌成的广场可容千人。清代康熙、乾隆两帝下江南时，曾多次驾幸宝华山隆昌寺，寺中辟有乾隆下榻的行宫。乾隆还曾为隆昌寺大雄宝殿题写“光明法界”匾额，足见其在佛教界的地位和影响。隆昌寺现为国务院确定的汉族地区佛教全国重点寺院。

北寺塔

位于苏州市平门内的北寺塔，其前身是三国东吴赤乌年间（公元 238—251 年）孙权为报母恩所建的报恩寺中的一座佛塔，后损毁于战乱。南宋绍兴年间（公元 1131—1162 年）报恩寺重建，寺中的塔以当时独一无二的高度（76 米）雄冠江南，登高可俯瞰全城风光，是南宋平江（即今苏州）城内重要一景，与虎丘塔双双成为苏州的象征。

北寺塔平面为八边形，共有九层，塔身砖砌，屋檐为木质，内部为双层套筒，塔心内各层都有方形塔心室，木梯设在双层套筒之间的回廊中。每一层都有平座栏杆，底层有副阶（围绕塔身的一圈廊道）。这些都与山西释迦塔相仿，但与释迦塔不同的是，北寺塔副阶屋檐与第一层塔身的屋檐是一坡而下，没有重檐。副阶柱间连接有墙，平面直径 30 米。塔身每面分三间，正中一间设门。北寺塔的木结构部分在清光绪年间曾重修，又在平座上加了许多擎檐柱，已部分改变了原样。塔全高达 76 米，虽然尺度巨大，但比例高细，加上檐角高举，在宏伟中蕴含着秀逸的风韵，体现了江南建筑艺术风格。

北寺塔的四周尚存部分明清时期重建的报恩寺殿堂建筑。位于塔东的不染尘观音殿，俗称楠木观音殿，始建于南宋，现存殿宇为明万历时重建，是苏州保存最完整的明代建筑。殿为重檐歇山造，面阔五楹，进深五间，内四架，前置檐廊，檐高 7 米，四周檐柱为抹角石柱，内柱用楠木。观音殿南侧建有一长廊，陈列着目前国内最大的巨型漆雕“姑苏繁华图”，长 32 米，高 2 米。塔后有罕见的元代石雕“张士诚纪功碑”。

塔北有古铜佛殿、藏经阁。古铜佛殿曾供铜铸三世佛，单檐硬山造，观音兜山墙，梁架、脊饰具有徽州建筑风格。藏经阁为重檐歇山楼阁式，原额“梵香堂”。塔东北有园，山石峭拔，水池萦回，亭榭廊桥点缀其间，名为梅圃。2006 年，北寺塔作为宋至清时期古建筑，被国务院批准列入第六批全国重点文物保护单位名单。

沧浪亭

位于苏州市城南三元坊附近的沧浪亭，是苏州现存历史最为悠久的园林之一。沧浪亭的前身是五代时节度使孙承祐的池馆，后荒废。到了宋朝，著名诗人苏舜钦以四万贯钱买下废园，进行修筑，傍水造亭。因感于“沧浪之水清兮，可以濯吾缨；沧浪之水浊兮，可以濯吾足”，题名“沧浪亭”。大文豪欧阳修应邀作《沧浪亭》长诗，诗中以“清风明月本无价，可惜只卖四万钱”题咏此事，自此“沧浪亭”名声大振。苏氏之后，沧浪亭几度荒废，南宋初年（公元12世纪初）一度成为抗金名将韩世忠的宅第。清康熙三十五年（公元1696年），巡抚宋荦重建此园，把傍水的沧浪亭移建于山之巅，并筑观鱼处、自胜轩、步碕廊等，形成今天沧浪亭园林的布局基础。清道光年间，增建五百名贤祠。咸丰十年（公元1860年），沧浪亭毁于兵火。清同治十二年（公元1873年）再次重建，今天沧浪亭的建筑基本是同治年间的遗留。沧浪亭虽因历代更迭，屡有兴废，已非宋时初貌，但其古木苍苍，还一直保持旧时的风采，部分地反映出宋代园林的风格，是写意山水园的范例。

现今沧浪亭占地面积约1.08公顷，属于大型园林。沧浪亭园门北向而开，前有一道石桥，一湾池水由西向东，环园南去。清晨夕暮，烟水弥漫，极富水乡诗意。院内以山林为核心，山上古木参天，山下凿有水池，四周环列建筑，通过依山起伏的回廊上的漏窗，沟通园林内外的景色，使山水亭榭融为一体。值得一提的是全园漏窗共

108 式，图案花纹变化多端，无一雷同，构作精巧，在苏州古典园林中独树一帜。

著名的沧浪亭隐藏在山顶上，高踞丘岭，飞檐凌空。亭的结构古朴典雅，与整个园林的风格协调。亭四周环列有数百年树龄的高大乔木五六株。亭上石额“沧浪亭”为晚清著名学者俞樾所书。假山东南部面阔三间的“明道堂”是园中最大的主体建筑，明道堂取“观听无邪，则道以明”意，为明、清两代文人讲学之所。明道堂在假山、古木掩映下，显得屋宇宏敞，庄严肃穆。墙上悬有三块宋碑石刻拓片，分别是天文图、宋舆图和宋平江图(苏州城市图)。堂南“瑶华境界”、“印心石层”、“看山楼”等几处轩亭都各擅其胜。堂北有“翠玲珑”馆，四周遍植翠竹，取“日光穿竹翠玲珑”意而为名。

同“翠玲珑”相邻的是五百名贤祠，祠中三面粉壁上嵌 594 幅与苏州历史有关的人物平雕石像，为清代名家顾汀舟所刻。园中西南有假山石洞，名“印心石屋”。山上有小楼名“看山楼”，登楼可览远近苏州风光。此外还有仰止亭和御碑亭等建筑与之映衬。此外，园内著名的建筑还有观鱼处等。另有石刻 34 处，计 700 多方。

沧浪亭布局自然和谐，是构思巧妙的佳作，与狮子林、拙政园、留园一起被认为是苏州宋、元、明、清四大园林各自的代表作。2000 年，沧浪亭被联合国教科文组织列入世界文化遗产。2006 年，沧浪亭作为元至清古建筑，被国务院批准列入第六批全国重点文物保护单位名单。

常熟南宋方塔

常熟有一座始建于南宋的方塔，是常熟古城的标志性建筑。方塔原名“崇教兴福寺塔”，因其四方外形而得现名。南宋建炎四年（公元 1130 年），一位叫文用的僧人对当时的县令李闾之提出，常熟城西北是虞山，城区地势低洼，客高主低，有失偏颇，应当建一座塔来改变风水。李闾之采纳了他的意见，下令建塔。到绍兴三年（公元 1133 年），用钱十五万缗，塔才建到一半，文用去世，工程也停了下来。直到咸淳年间（公元 1172 年），才由另一位僧人法润（一说法洲）重建而成。

方塔在元、明、清屡次重修。清咸丰年间，方塔所在的寺庙毁于战火，仅方塔独存。至解放前，塔身已严重损坏。自 1957 年被列为省级文物保护单位后，政府曾多次对方塔进行修葺，1963 年纠偏塔刹，1978 年置塔铃，1986 年修复塔衣，1998 年起对方塔进行了大规模的维修。

方塔虽建于宋代，但仍沿袭了唐代方形楼阁式木塔的形制。整座塔造型清秀，轮廓柔和，层檐舒展，檐角飞翘，巍峨庄美。塔为四面九层盝形顶，砖木结构，逐层递收，立面的轮廓呈抛物线状。面阔三间，明间设门洞，底层为拱圈形，其余均为壶状，每层平座深 0.9 至 1.1 米不等，内设楼梯逐层可达。每层筑外廊，檐口用擎柱支撑，每边设几何形栏杆三扇，曲线柔和流畅。塔心柱从第七层楼面起直贯塔顶，用圆形硬木三接而成，直径最粗达 0.6 米，总长 32.44 米。

塔顶镇刹自下而上由覆钵、鼓形束腰、承露盘、七重相轮、宝盖、盔形龙首翼角、宝瓶、宝珠等铁制构件组合而成，重 15 吨。塔四角上，均以铁索链与九层戗认相连接。底座井字架用混凝土固定。全塔从平地到刹顶总高 67.14 米。

1977 年起，方塔周围建起了镜花阁、雨香堂及亭榭、茶室，堆筑“舒袖”、“展翅”假山，移植花木，辟为方塔公园，并将大东门总官庙的一座大殿移建于塔寺旧址。1990 年，园内又辟月季园，后院增建长廊、亭、堂，凿荷池，堆假山，设常熟市碑刻博物馆、常熟市名人馆等。

常州天宁寺

常州天宁寺雄踞常州市东门外，前俯举世闻名的京杭大运河，后倚常州第一大公园——红梅公园，是常州现存规模最大、保存最完整的千年古刹。常州天宁寺始建于唐永徽年间（公元650—655年），初名广福寺，北宋政和元年（公元1111年）改为现名，已有1300余年历史，向有“东南第一丛林”、“一郡梵刹之冠”的称誉。清乾隆皇帝巡视江南时，曾三次到常州天宁寺拈香，并为寺题“龙城象教”匾额和楹联。目前，常州天宁寺是中国重点保护寺院和江苏省文物保护单位。

天宁寺内主要建筑有八殿、二十五堂、二十四楼、三室、两阁等，总面积超过110亩。走进山门就是宽敞的天井，迎面是天王殿，殿内左右两边是高达7.8米的四大天王，在国内同类塑像中首屈一指。天王殿巍峨壮观，檐下挂有当代著名书法家赵朴初题写的“天王殿”大字巨匾。殿中的弥勒佛坐在汉白玉神台上，佛龛飞檐翘角，上端刻有90尊佛像，精致美观。

大雄宝殿是全寺最大的佛殿，重檐九脊，高33米，宽26米，进深27米，铁力木大柱高约30米，素有“栋宇摩霄汉，金碧灿云霞”之称。殿内供奉辉煌庄严的释迦尼佛、东方世界药师琉璃光佛及西方极乐世界阿弥陀佛像。大殿两侧墙上嵌有石刻罗汉像518幅，神态各异，栩栩如生，被视为寺中瑰宝。大殿右前角的一口巨钟，重达4吨。左前角是一面直径约2米的大鼓。大殿右后角有一尊泰国佛教协会赠送的铜佛。

常州天宁寺中原有佛塔，后坍毁。2002 年 4 月，一座仿唐宋风格的佛塔开始在天宁寺内兴建。新建的佛塔取名“天宁宝塔”，以祝颂天下安宁。宝塔总建筑面积 2.7 万平方米，塔高 13 层 153.79 米，高度为国内佛寺宝塔之最。天宁宝塔在外形上采用了唐宋古塔的常见风格：八角飞檐，形态端庄，简洁粗犷，气势宏大。塔身装饰也沿袭唐宋建筑的风格：华贵而不繁复，简洁大气，虽无雕梁画栋之美，却有古色古香之韵。从底层地宫到顶层钟楼，整座宝塔以佛教文化为主线，以东阳木雕、扬州漆器、常州乱针绣、惠安石雕等手工艺术为表现手法，巧妙地诠释了大乘佛教的诸多教义。

天宁宝塔使用6500 吨钢材撑起了塔身骨架，宝塔钢结构在 2003 年年底封顶，经精密测量，塔尖与底部的垂直度误差不足 1 厘米，如此精确度，为天宁宝塔赢得了第一个奖项：2004 年国家钢结构协会颁布的金奖。天宁宝塔中的大柱、栏杆、吊顶、楼梯、扶手、门槛等全部使用楠木，用量达 5000 立方米。这些楠木出自缅甸和巴布亚新几内亚的深山老林，均为直径 1 米、长度分别为 9 米和 6 米的原材。在天宁宝塔承载的 1000 吨铜饰中，最引人注目的是塔顶金刚宝座形的塔刹。这座塔刹包括莲台、象轮、鼓座、火焰板等，由 75 吨黄铜浇铸而成。考虑到安装难度，整座塔刹被分别浇铸成五节，然后逐节套接。浇铸拼接的出色工艺让整座塔刹浑然一体。宝塔每一层屋檐所覆的都是青铜铭文瓦，共用了 50 000 张，底部则是条形的青铜底瓦。瓦上铭文，缘于古代青铜器上铭文而引发的灵感，“青铜铭文瓦”这一创新设计获得了国家专利。屋顶的椽子、望板，檐上的斗拱，全为铜材装饰，不再承重的斗拱由铜皮包出外型，而斗与拱的型制、尺寸则完全按古建法则。整座宝塔壮观、厚重、清新、典雅，为千年古刹天宁寺又增添了几分庄严。

常州文笔塔

常州市红梅公园南端有一座“文笔塔”，始建于南朝齐高祖萧道成建元年间（公元 479—482 年），当时隶属建元寺，俗称塔下寺，后改称太平寺塔。因此塔“巍冠郡中”，形似文笔，又称文笔塔，被常州文人视为笔魂。

文笔塔和太平寺历经兴废，宋代诗人杨万里曾有“太平古寺劫灰余，夕阳惟照一塔孤”的诗句。1981 年在爱国人士刘国钧先生的遗孀刘鞠秀女士及其子女的资助下，文笔塔修葺一新，并于 1982 年 11 月对外开放。1988 年又修复了“文笔夕照”景区，这是以文笔塔为主体，融常州各个历史时期的典故、传说、文物等构成的富有江南园林风韵的景区，景区内有文笔楼、塔影山房、笔架山等建筑景物，成为常州人文荟萃的象征和缩影。

文笔塔造型优美别致，体态轻盈，风格特异，在古塔中独树一帜。现塔高 48.38 米，底层外径为 9.58 米。塔身为砖木结构，七级八面，每层有拱门，塔内中心有旋梯环绕而上，登塔远眺，全城的景色尽收眼底。文笔塔的东区以“砚池”为中心，四周围有墨香棚、碑廊、文思桥、文笔楼、梦笔轩、夕佳亭、待月亭、塔碑、星聚桥和牡丹台等建筑。西区则以塔影池为中心，围以观赏文笔塔倒影的塔影山房，象征“高山流水遇知音”典故的知音舫，纪念常州古城奠基人季扎的季子亭，瞻仰抗元高僧万安和莫谦之的袈裟塔等景物，幽雅别致。塔之北区是笔架山。山脚下有嘉贤坊、进贤坊、荣赐亭和状元楼（刻有自唐代起常州九名状元之名录）等景物，以颂扬古代常州著名人物延陵季子的贤德风范。

朝天宫

位于南京城西的朝天宫，被称为南京的“母城”。早在春秋时期，吴王夫差就曾在这里设置冶炼作坊，铸造兵器。这里因此得名“冶山”，又称冶城。东晋太元十五年（公元 390 年），这里曾建起一座“冶城寺”。北宋时，在此建文宣王庙，这是冶山建为文庙的开始。不久文庙又改为天庆观、祥符宫，内有太乙殿。明洪武年间（公元 1384 年），明太祖朱元璋下诏赐名为“朝天宫”，取“朝拜上天”、“朝见天子”之意。明代的朝天宫是当时南京最大、最著名的道观，占地面积 300 多亩，有各种殿堂房庑数百间，前有三清殿，后有大通明殿，另有飞霞阁、景阳阁等。当时朝天宫内还有习仪亭，为文武官员演习朝贺礼仪之所。朝天宫的山门向东开，门内左右两边各有一座碑亭，南碑为“奉敕重建朝天宫碑”，保存完整，现存朝天宫大成殿丹墀前；北碑碑身已毁，仅存碑座赑屃。

明末，朝天宫部分建筑毁于战火。清乾隆二十九年（公元 1764 年），皇太后发帑改建。改建后的朝天宫规模之大，建筑之宏伟，为当时南京道教庙宇之冠。康熙南巡时，曾为朝天宫题写匾额“欣然有得”。咸丰年间（公元 1851—1861 年），朝天宫再次被毁。同治四年（公元 1865 年），于旧址改建孔庙，并迁鸡鸣山江宁府学于此。此时，朝天宫中南为文庙、东为府学、西为卞公祠。现卞公祠已毁，府学也有部分拆改，而文庙部分保存完好。

现存朝天宫的建筑体制基本上还是文庙和学宫，文庙依山而筑，前临半月形泮池，围以青石栏杆。外围有高大的红色垣墙环绕，宫墙外正面有“万仞宫墙”四个楷书大字。临街东西两侧各有一座石础砖砌牌坊，上有楷书“德配天地”、“道贯古今”门额，相传为曾国藩手书。文庙正门是“棂星门”，这是一座木结构牌坊式建筑，顶上盖着黄釉琉璃瓦。“棂星门”西侧正反两面有砖雕团龙四对，刻工精细，栩栩如生。进棂星门数十步，正面为大成门，又称戟门。戟门有三，中门是祭孔时皇帝出入的，郡王、亲王则走左右两门，而一般官员只能走戟门两端的“金声”、“玉振”小门。院内四周是长廊，有东西配殿从大成门北上丹墀，正面有石阶三道，拾级而上，正中即是巍峨宏丽的大成殿。大成殿后是先贤祠，又名崇圣殿，殿广七楹，是朝天宫建筑中保存比较完好的清代建筑。由先贤祠往东，有花墙环绕，翠竹夹道，进园门迎面是飞云阁，飞云阁东侧是八角攒顶的御碑亭，亭中立有乾隆皇帝四次驾临朝天宫所题诗的碑刻。由飞云阁向西是敬一亭，这里是冶城之巅，近可观文庙府学全景，远可眺钟山雄姿。

现存朝天宫总面积约为45 000平方米，是江南现存最大和最完整的清代建筑群。其主要建筑是典型的明清殿宇式风格，无论从建筑格面和样式来看，还是从营造技术来看，都是研究中国古代建筑尤其是明清建筑的重要实物资料，具有极高的历史价值和艺术价值。

崇正书院

南京市清凉山公园内，有一座始建于明嘉靖年间的“崇正书院”。当时，南京盛行讲学，建有学院多处。户部尚书耿定向在南京做督学御史时，见清凉山环境清幽，遂在此选址，依山就势，筑殿堂三进，题名“崇正书院”，取南宋丞相文天祥“天地有正气”句，又有推崇正传儒学之意。书院建成以后，即令南京所属十四府选拔优秀诸生来书院学习，由耿定向亲自主讲，他的学生焦竑管理书院日常工作。耿定向去世后，焦竑为追悼先师，在万历初年（约公元1573年）将书院改为祠堂，题记“耿天台先生讲学处”。后来祠堂一度改为“云巢庵”。

清乾隆年间（公元1736—1795年），庵堂毁于火灾，后僧人募资修复，并增筑了“江天一线阁”、禅房等建筑，作为佛事活动场所，仍沿称“崇正书院”。当时著名学者姚鼐曾到此游览，并作有《游故崇正书院记》。清咸丰年间（公元1851—1861年），太平天国与清军鏖战，崇正书院再次毁于战火。清同治四年（公元1865年），崇正书院旧址上建起了地藏殿、灵宫殿等建筑，并改名为小九华寺。旧时每年农历七月二十八日，是传说中的清凉山地藏王的诞辰，从这一天起，大批虔诚朝拜者就会涌到清凉山进香，形成了“清凉问佛”的盛景，也就是清凉山的庙会。“文革”期间，小九华寺再次毁坏殆尽。20世纪80年代，南京市政府拨款68万元重修崇正书院，由南京工学院（今东南大学）著名建筑专家杨廷宝教授亲自指导设计方案，历时两年方竣工。

重建后的崇正书院，主要建筑为明清式样，白墙黑瓦，砖木结构。建筑面积达到了 1000 多平方米。整个书院依山而建，坐北朝南，分为三进，与隔山的扫叶楼遥相呼应，蔚为壮观。崇正书院的建筑风格体现了传统江南园林雅致的庭院特色。依山拾级而上，进前殿可见南朝与明朝南京城图的仿古浮雕，殿后是宽阔的庭院，广植山茶。前两进两侧有回廊相连，廊壁上开了各式花窗，东侧廊壁嵌有两块石碑。出第二进殿，是一片开阔的青石平台，东侧有依山垒筑的假山，怪石嶙峋。西侧是两层的"江天一线阁"。登阶而上，有一方矩形水池，池壁有三座石雕龙头，水自龙口喷出。池内养观赏红鲤。绕池而上，是第三进大殿，高 6 米、宽 16 米、深 20 米，重檐翘角，梁脊高耸。这里是清凉山公园的制高点。殿内东西墙面绘制四幅巨型壁画，每幅高 6 米，宽 3 米，以金陵四景为名，分别为"春牛首"、"夏钟山"、"秋栖霞"、"冬石城"，运笔雄浑而苍秀。

崇正书院及其所属的清凉山一带曾是金陵古城文化艺术活动的中心，历代文人墨客多曾涉足于此。重建后的崇正书院一改"小九华寺"的寺院建筑风格，以一组依山就势、轴线贯串、具有传统书院特色的建筑群重现了其旧时的人文风貌。

大明寺

位于扬州西北郊蜀冈中峰的大明寺，始建于南北朝宋孝武帝大明年间（公元457—464年）。寺以年号而得名，距今已有1500多年的历史。大明寺内原无佛塔，隋仁寿元年（公元601年）隋文帝下诏全国三十州建立30座供奉舍利的佛塔，扬州大明寺遂建栖灵塔。塔高九级，寺因塔名，故又称栖灵寺。唐代高僧鉴真曾在此居住和讲学。大明寺及其附属建筑，因集佛教庙宇、文物古迹和园林风光于一体而历代享有盛名，是一处历史文化内涵十分丰富的民族文化宝藏。

清康乾年间，大明寺扩建为扬州八大名刹之首。清乾隆三十年（1765年），乾隆巡游扬州，改题“法净寺”。咸丰三年（公元1853年），寺庙毁于太平军兵燹。此后，大明寺几经修建，规模渐大。现寺为清同治年间（公元1862—1874年）两淮盐运使方浚颐所建。1949年后多次整修扩建。1958年，大明寺被列为江苏省文物保护单位。“文化大革命”时期，“红卫兵”以“破四旧”为名，要砸烂寺庙内佛像，周恩来总理紧急电谕，命令坚决保护大明寺古迹。地方政府及时封闭了寺庙，使这座千年古刹幸免于难。1979年，寺庙全面维修，佛像贴金，焕然一新。

今天，沿着数百级石阶登上大明寺前的广场，迎面是一座四柱三楹、庄严典雅的牌楼。牌楼为纪念栖灵塔和栖灵寺而建，上书“栖灵遗址”。

牌楼前面南而踞的一对石狮格外引人注目,石狮按皇家园林规格雕镌,造型雄健,正头,蹲身,直腰,前爪平伏,傲视远方。它们是扬州名刹重宁寺的古老遗物,20 世纪 60 年代移至此处。寺前东西院墙上分别嵌着两块石碑,东为蒋衡山书“淮东第一观”,西为王澍书“天下第五泉”。

大明寺的山门殿兼作天王殿,正门上额“大明寺”三字是中国佛教协会会长赵朴初集隋代《龙藏寺碑》而镌,字体古风流溢。殿内供有四大天王和弥勒、韦陀像。出殿为花岗岩甬道,再后即大雄宝殿。大雄宝殿坐北朝南,面阔三间,前后都有回廊,檐高三重,漏空花脊。屋脊高处嵌有宝镜,阳面是“国泰民安”四字,阴面是“风调雨顺”四字。大雄宝殿是大明寺内的主殿,雄伟壮观,是清同治年间扬州建筑的代表作,具有较高的历史、艺术和科学价值。梁思成先生曾亲临现场,对大殿木构架的精秀予以了很高评价。

大雄宝殿附近有几处著名建筑如 1985 年建成的藏经楼,两层五楹,轩敞疏廊,屋脊之上阳嵌“法轮常转”,阴刻“国泰民安”。大明寺庭院东侧有平远楼,为清雍正十年(公元 1732 年)光禄寺少卿汪应庚初建,楼名取自宋代画家郭熙《山水训》“自近山而望远山,谓之平远。”咸丰年间,平远楼毁于兵火,同治年间两淮盐运使方浚颐重建,增题“平远楼”额。平远楼共三层,构筑精致,有庭院竹石之胜,现为方丈室。平远楼北为晴空阁,现为鉴真事迹陈列室。

大殿西侧,有“仙人旧馆”门额,入门即是有名的平山堂。平山堂始建于宋仁宗庆历八年(公元 1048 年),当时任扬州太守的欧阳修,极为欣赏这里的清幽古朴,于此筑堂。坐此堂上,江南诸山历历在目,似与堂平,“平山堂”因此得名。宋代诗人叶梦得曾称赞此堂“壮丽为淮南第一”。后来苏东坡任扬州太守时,常来此凭吊,并在堂后为纪念欧阳修建造了“谷林堂”和“欧阳河”。平山堂在元代曾一度荒废,明代万历年间(公元 1573—1619 年)重新修葺。

在平山堂的西边,有一座富有山林野趣的古典园林——西园。西园一名御苑,又名芳圃,始建于清乾隆元年(公元 1736 年),咸丰间毁于兵火,同治间重修。1949 年后又多次重修。今园中古木参天,怪石嶙峋,池水潋滟,亭榭典雅,山中有湖,湖中有号称“天下第五泉”的泉水。

大明寺的文化底蕴十分丰厚。秦少游曾作诗称赞:“游人若论登临美,须作淮东第一观。”自此,扬州大明寺以“淮东第一观”而名闻天下。2006 年 5 月 25 日,扬州大明寺作为清代古建筑,被国务院批准列入第六批全国重点文物保护单位名单。

东林书院

位于无锡市解放东路867号的东林书院，亦名龟山书院，是我国古代著名书院之一。东林书院创建于北宋政和元年（公元1111年），是当时知名学者杨时长期讲学的地方，后荒废。明朝万历三十二年（公元1604年），东林学者顾宪成等人将书院重新修建，并在此聚众讲学，他们倡导“读书、讲学、爱国”的精神，引起全国学者普遍响应，一时声名大振，有“天下言书院者，首东林”之赞誉。东林书院也成为江南地区文人贤士雅集之地和议论国事的主要舆论中心。

东林书院在清代日渐荒废。直到20世纪中叶，抗日战争胜利后，因东林书院岁久失修，无锡著名人士集议恢复旧观，发起重修。唐文治撰写了碑文，“发明性理之根源”，并略述书院建置始末，“惟愿我乡邦人士，景仰前徽，保气节于将坠。”碑今仍存东林书院内。2002年书院全面修复，有石牌坊、泮池、东林精舍、丽泽堂、依庸堂、燕居庙、三公祠、东西长廊、来复斋、寻乐处、心鉴斋、小辨斋、再得草庐、时雨斋、道南祠、东林报功祠等主要建筑，均显现明清时期建筑布局形制与鼎盛时期风貌。顾宪成曾撰有“风声雨声读书声声声入耳，家事国事天下事事事关心”这副心怀远大抱负之名联，后被广为传诵，成为许多学人、志士的共同心声和座右铭，此联现悬于依庸堂内。1956年10月，东林书院被江苏省人民委员会公布为省级文物保护单位，2006年6月入选第六批全国重点文物保护单位。

东坡书院

东坡书院又名蜀山书院，俗称东坡祠堂，坐落在宜兴市丁蜀镇东北隅的蜀山山麓。东坡书院始建于北宋，至今已有800多年历史。北宋元丰七年（公元1084年）九月，北宋大文豪苏轼（号东坡）应同科进士宜兴人蒋士奇、单锡之邀，首次造访宜兴，后来他又多次来宜兴游玩。由于迷恋宜兴的佳山胜水，加之政治生涯的起伏不定，苏轼萌发了“卜居宜兴，归老阳羡”的愿望，并在宜兴的独山南麓买田筑室，先遣其子苏迈、苏迨来宜居住生活。他在给皇上的奏章中多次提出“乞居宜兴”，但终未能如愿。据说，苏轼在漫游独山时，看其独立于画溪之东，山势与他的故乡四川眉山非常相似，顿生思乡之情，叹道“此山似蜀”，后人遂将独山易名为蜀山，并在他讲学的地方建造“似蜀堂”。

元代，似蜀堂原址上建起了“东坡祠堂”，后又废为僧舍。明弘治十三年（公元1500年），工部侍郎宜兴人沈晖出资购地30余亩，在原东坡祠堂的基础上，建造了一座颇具规模的东坡书院，作为当地文人学士例行集会、缅怀先贤之所。东坡书院在清代康熙、乾隆年间曾多次修缮、扩建。清咸丰十年（公元1860年），太平军进驻宜兴时，书院大部分建筑被焚毁。光绪八年（公元1882年），当地24家望族合资重建东坡书院，作为宜兴东南八乡培养人才之地。光绪三十一年（公元1905年）废科举，东坡书院于次年改为“东坡高等小学堂”，后称东坡小学，是宜兴最古老的小学校之一。

东坡书院虽历经数百年的风雨沧桑，但因代代乡党重文厚教，募资悉心修葺，至今仍保存完好。1983年，东坡书院被列为宜兴县级文物保护单位。1989年，东坡小学从中迁出。2002年，书院被列为江苏省级文物保护单位。同年，丁蜀镇人民政府通过财政拨款和民间募捐等形式，筹资500余万元，历时两年，对东坡书院进行整体修缮，并新建碑廊，收集陈列苏东坡有关史料实物，向社会开放。

现存的东坡书院是江南园林式建筑，粉墙黛瓦的墙门，配上花岗岩石库门，颇有江南乡土气息。书院面南坐北，面阔26.8米，进深93米，共有建筑四进。南眺太湖，背依蜀山，环境清幽。大门匾额“东坡书院”，为现代著名书法家舒同所书。进入书院，一条30余米长的砖砌甬道直通第一进门厅。甬道东侧为石牛池，池内卧天然太湖石石牛一对。门厅前为长方形泮池，上设青石小拱桥一座，四周饰以荷花栏板及狮子、莲瓣纹柱头，制作十分精巧。跨过泮池，便是第一进建筑，面阔七间，进深七檩，其中正中一间为门厅，设将军门一座。走过石板小院，为东坡书院的第二进，亦为面阔七间。其中正厅三间，称飨堂，体制宏伟，原供奉有东坡先生的神座。其梁枋上雕刻有人物、云鹤、卷草等图案，朱漆贴金，工艺精致。厅内上方悬清翰林院编修、吏部侍郎周家楣手书“东坡买田处”、清浙江巡抚任筱园书“讲堂”及清道光时江宁布政使杨能格手书的“似蜀堂”三匾。正厅东侧为两间两层楼。正厅西侧两间称“湖山拱秀”厅，其匾原为清道光年间浙江巡抚任筱园所书，现已不存。院内西墙上开一腰门通往西侧碑院，碑院系2002年新建，其中碑廊内存有《重刻蜀山草堂记》《苏文忠公祠堂记》《苏文忠公蜀山书院记》《重修苏文忠公蜀山书院碑记》等明清碑刻20余方。第三进面阔七间，较前两进地势高出数级，其中正厅三间，进深九檩，为东坡书院的“讲堂”。其梁上均雕饰有卷草纹和镂空的云板，两边墙裙以青砖驳面，建筑结构古朴深厚。正厅东西各有耳房两间。院内有东西厢房，均为面阔三间，进深七檩。第四进为两层楼建筑，面阔七间，早年因失火被焚，1953年重建后也已破败不堪，复于2003年重建。前院有一古井为“东坡井”。后院是一个小小的橘园，为苏轼“楚颂帖”意境。

东坡书院建筑整体风貌保存十分完整，历史延革脉络清晰，对研究江南地区书院的发展及其建筑特色有重要的价值。

芙蓉楼

芙蓉楼是镇江历史名楼，唐代开元年间（公元713—741年），著名诗人王昌龄在这里与朋友辛渐道别，写下了蜚声中外的《芙蓉楼送辛渐》一诗："寒雨连江夜入吴，平明送客楚山孤。洛阳亲友如相问，一片冰心在玉壶。"芙蓉楼也自此名扬四海。

芙蓉楼原为东晋王恭镇守京口（即今镇江）时所建，当时建于古镇江城内三山（日精山、月华山、寿丘山）中的月华山上。清人周镐所作《京口二十四景图》中有《蓉楼话雨》。1992年，镇江为开发风景名胜资源，发展旅游事业，将这座历史名楼易地重建。重建后的芙蓉楼坐落在金山中泠泉的塔影湖滨，总体建筑由芙蓉楼、冰心榭、掬月亭及湖中三座晶莹玲珑的石塔组成，亭、榭浮于湖上，以桥和水廊相连，构成了一幅美丽的图案。主楼两层，高近20米，占地面积1000多平方米，为钢筋混凝土仿古建筑，歇山重檐，灰瓦红柱粉墙，秀丽壮美，俯可视湖水波光粼粼，仰可眺金山塔寺秀姿。二楼中央，高悬着江泽民题写的"芙蓉楼"三个大字。楼内有典雅古朴的明式家具、透雕花罩、楹联匾额、传统灯具等装饰。三组各具风韵的大型壁书《芙蓉》陶版书、《蓉楼话雨》木刻书及《平明送客图》，把芙蓉楼的悠久历史和人文景观渲染得淋漓尽致。楼南为掬月亭，楼北是冰心榭，与芙蓉楼形成犄角之势。

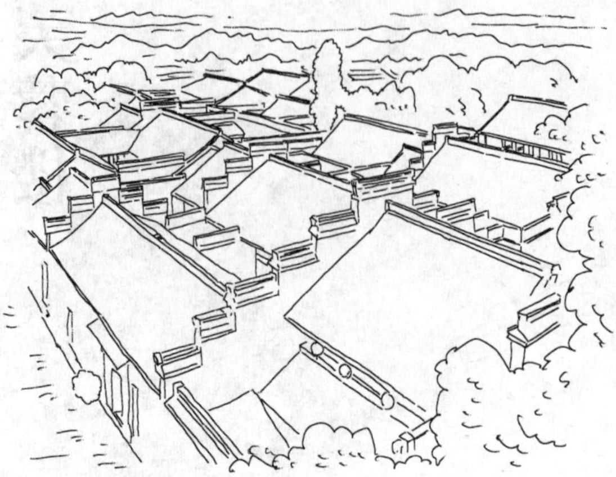

甘熙故居

南京市升州路与中山南路交界地段，有一片规模宏大的清代民宅，这就是甘熙故居。它由晚清著名文人甘熙的父亲甘福始建于清嘉庆年间，距今已有 200 多年历史。甘熙故居是南京现有面积最大、保存最完整的私人住宅，与明孝陵、明城墙并称为南京市明清三大景观，具有极高的历史、科学和旅游价值。

甘熙故居民间俗称“九十九间半”。南京地区规模较大的多进穿堂式民居，多半被称为“九十九间半”，究其原因，九是最大的阳数又是吉数，中国自古就有“九五之尊”的说法。中国最大的宫廷建筑是故宫，号称“九千九百九十九间半”，最大的官府建筑为孔府，号称“九百九十九间半”，而民居则最多不过“九十九间半”了，这半间既表示没达百间的谦虚，又有仅半步就到目标的得意。事实上，甘熙故居总共有房间三百余间。

与一般建筑坐北朝南的设计不同，甘熙故居整体上是坐南朝北。这与甘家祖先精研金石地学、风水勘舆有关。甘氏家族以经商发家，根据《论衡·诘术》中的“图宅术”：商家门不宜南向，因商为金，南方为火，火克金为凶，而北方为水，金生水相生相吉，因此甘家一反常规，将住宅建成北向。另外《百家姓》中甘姓后注“渤海”，甘氏源出于此。甘氏南迁后，家中悬“于湖世泽，渤海家声”对联，建筑上坐南朝北，也是为了感念先祖，不忘祖宗。

与一般中国古代封建家族一样，甘家追求子孙昌盛、数代同堂，反映在甘熙故居的建筑布局上，就是宅院规模庞大，各类用房的位置、装修、面积等都按照宗法观念和家族制度而有大致统一的等级规定。甘熙故居的整体建筑布局严谨对称、主次分明，每个坐落于主轴线上的明间都较两侧的开间略大，而整个住宅的入口位于正落中间。正落沿纵深轴线布置的各种用房按顺序排列是：一进门厅，二进轿厅，三进正厅，四进、五进为内厅等。正落是家族中长辈和统治整个家族的人物居住与生活用房，正落中轴线贯通，左右边落的处理有较大的差异。相对正落而言，边落没有直接对外的主要街道入口，要进入这个大家庭，任何人都必须通过正落的入口，这种布局体现了封建家庭中不能另立门户的观念。基于这种原因，在边落中不设正厅，保证了家庭中主要的礼仪接待活动都必须在正落中进行。

值得一提的是，甘熙故居内有大小天井多达 35 个，有水井 10 多个，水井有的在天井中，有的在房间里，有的在檐口下，有的在门槛边，很好地解决了房屋的通风、采光以及上下水等问题，屋面檐口下的水槽让雨水从暗沟流向院内天井，有着“四水归明堂，肥水不外流”的寓意。

甘熙故居并非徽派建筑，也不是完全的苏式建筑，而是和南京本土的高淳、六合等地一样，有着南京自己的建筑风格，如门楼装饰较素，显得简朴大方，封火墙特别高大，注重实用等。建筑主调也是南京民居常见的小青瓦屋面、白粉墙、棕红色广漆所形成的灰、白、棕三色，与江南的绿水青山融合成淡雅、恬静、安宁、平和的氛围，整个建筑反映了金陵大家仕绅阶层的文化品位和伦理观念。

甘熙故居在 1982 年南京市文物部门的文物普查中被发现，为有效利用并再现明清时期江南民居风貌，文物部门修复了故居部分建筑，建成南京市民俗博物馆，于 1992 年 11 月对外开放。开放后的宅第面积从 6000 平方米扩大到 9500 平方米，重现了甘熙故居全盛时期的结构和体量。目前，整个甘熙宅第划分为梨园雅韵、津逮书香、往日庭院 、梦回童年 、城南旧影和金陵工巧六个主题片区，外侧与熙南里历史老街组成具有特色的民俗文化老街。

歌风台

歌风台是为纪念汉高祖刘邦的《大风歌》而兴建的建筑，现位于徐州市沛县汉城公园内，是“古沛八景”之一。

公元前196年，汉高祖刘邦平定淮南王英布的叛乱，回归故里，置酒沛宫，邀家乡父老欢宴，把酒话旧，感慨万千，酒酣兴起，击筑高歌：“大风起兮云飞扬，威加海内兮归故乡，安得猛士兮守四方！”这就是文学史上著名的《大风歌》。此歌只有三句，却字字金石，掷地有声。歌风台原为土台，筑于沛县古城东南、泗水西岸。斗转星移，朝代更替，歌风台或没于洪水，或坍于兵燹，沛人屡毁屡建。1995年，沛县县政府筹巨资于故址新建歌风台。

今天的歌风台，建筑面积1.26万平方米，高26.8米，是沛县汉城公园建筑群的制高点，壮阔雄伟，在全国同类建筑中堪称首屈一指。风云阁、邀宴堂南北对峙，名人题咏镌于东西碑廊，中间矗立汉高祖刘邦汉白玉塑像。邀宴堂内，有著名书法家、沛人朱焰所书“汉汤沐邑”金字匾额，并立“大风歌碑”三方：一块汉碑，高近四米，宽一米多，碑文字体浑圆遒劲，结构匀称优美。据《沛县志》和《徐州府志》记载，为东汉蔡邑或曹喜所书。今人冯亦吾先生考证为西汉沛人文学家爰礼所书。诸说不一，但被公认为我国的书法珍品。汉碑现存部分约为原碑的四分之三，石质坚细，虽历两千年风雨剥蚀，文字仍清晰可辨。第二块碑为元碑，系元代大德年间摹刻。第三块又称甲子碑，是沛县人民政府于1984年（甲子年）请书法家孟昭俊照原碑摹写新立。

历代文人墨客在歌风台留下了大量名篇佳作，如南宋爱国诗人文天祥《歌风台》云："长陵有神气，万岁光如虹。有时风云变，魂魄来沛宫……我来汤沐邑，白杨吹悲风。永言三侯章，隐隐闻儿童。叶落皆归根，飘零独秋蓬。登台共恓恻，目送南飞鸿。"元代诗人林宽《歌风台》云："蒿棘空存百尺基，酒酣曾唱大风词。莫言马上得天下，自古英雄尽解诗。"明末爱国诗人阎尔梅留存歌风台诗十余首，清代著名文学家袁枚也曾写过两首《歌风台》诗。1982 年，歌风台被江苏省人民政府列为省级重点文物保护单位。

个园

坐落于扬州市北隅的个园，是一处由清代盐商营造的私家住宅园林。清嘉庆23年(公元1818年)，两淮盐业商总黄至筠对著名画家石涛“寿芝园”的旧址进行了扩建。因黄至筠名中的“筠”字亦借指竹，而竹叶的形状像“个”字，并且“个”字也是“竹”字的一半，故扩建后的新园名为“个园”。

个园的格局是“南宅北园”，北边的园林以竹石取胜，各种各样的竹子成为个园的一大特色。叠石艺术则是个园的另一特色，尤其是园中的“四季假山”，即用不同的天然石材堆叠而成“春、夏、秋、冬”四景，以竹石为春，以湖石为夏，以黄石为秋，以宣石为冬。四季假山代表了清代中期高超的园林叠石艺术，被我国园林泰斗陈从周先生誉为“国内孤例”。

在夏山和秋山之间，是园中最重要的建筑“抱山楼”。抱山楼上下两层，楼广七楹，左右长廊全长45.8米，犹如伸展的手臂，搂抱夏、秋两座山于胸前，构思极为精妙。冬山后侧紧邻围墙，墙上有代表一年24个节气的24个圆洞。扬州常年吹东风，风吹过墙外狭窄小弄，遇到墙上园洞形成负压，被吸进园中，产生犹如北方冬天的寒风呼啸，这些洞因此被称为风音洞，为冬山之景添上了浓重的音效。园内的主要建筑还有宜雨轩、壶天自春楼、透风露月楼、丛书楼、住秋阁和清漪亭等，其中壶天自春楼有两层11间，在以小巧居多的园林建筑中，显得体量宏大、气势不凡。

个园的住宅区在南部，分西、中、东三路，号称“福禄寿”。每路都是三进结构，大小房屋共60余间，功能各异：西路是园主家人所居，前进为厅堂，称“花厅”。中进与后进为两层楼宅，称“绣楼”。厅堂称“清颂堂”，全杉木架构，非常考究。中路为园主会客以及来客居住。中路三进，打开门可前后贯穿，关上门又自成一体，由厢房的耳门出入，在设计上颇具匠心。东路建筑原有五进，现存三进，是管家仆人办事、居住的场所，另外还有厨房、仓库。每两路建筑之间有狭长的“火巷”相隔，火巷两壁皆为青砖垒砌的高墙，简洁肃穆。整个住宅区在平面布局上规整紧凑，有分有合。合起来是一座相互连通的大宅院，分开来是一个一个相对独立的单元，每个单元都是江南地区特有的“四水归堂”结构的“三合院”，即三间正房、两间厢房加上天井，天井中间的地面略高于四周，天井四周角落各嵌有一块镂空的石板，以利于排水。

扬州在长江以北，但无论地理位置、气候特征还是人文环境都接近江南，个园的整体建筑风格也接近江南园林。不过，个园中的建筑却有别于江南园林，雄伟中寓明秀，可谓采南北之所长，自成一格，被誉为“健笔写柔情”。旨趣新颖、结构严密的个园，是扬州最富盛名的园林之一，也是以“雅、健”为特色的江北园林的代表作。1988年，个园被列为全国重点文物保护单位。

海宁禅寺（三元宫）

地处连云港市花果山南麓的三元宫，是花果山上最大的古建筑群。三元宫创建于唐代，重修于宋，鼎盛于明、清，在历史上是一座富有浓郁地方色彩、佛道并奉的道场。早在唐代，这里就有佛寺。明成化元年（公元 1465 年），一位自称鲁王孙的清风禅师来此，扩展殿宇，重塑金身。历经师徒四代经营，香火日益旺盛。明代苏北、鲁南“三元”信仰非常兴旺，万历十五年（公元 1587 年），淮安富户谢淳毁家兴建三元宫，万历二十二年（公元 1594 年），重修大佛寺（大仙庵），将三元宫一并更名为“海宁寺”。至万历二十四年（公元 1596 年）九月落成，有三官殿三间、中殿三间、山门三间，从而初步奠定了三元宫建筑群的基础。明神宗敕赐寺名“护国三元宫海宁禅寺”，并两次颁赐大藏经。1692 年，清康熙帝御笔书赐“遥镇洪流”匾额，寺院香火愈盛，遂成为苏北、鲁南佛教重镇，有“淮海第一丛林”之称。

乾隆年间，一些地方官员曾修复过三元宫。嘉庆八年（公元 1803 年），海州知州唐仲冕重修了三元宫。道光十二年（公元 1832 年）、十五年（公元 1835 年），钦差大臣陶澍两次来海州，在致力于盐政改革的同时，大兴土木，把云台山的庙宇新建和修葺一新，其中就包括三元宫。民国初年，三元宫雄姿犹存。1938 年，三元宫及所属诸多殿宇因日军飞机轰炸而倾毁。1939 年，又被入侵日军付之一炬，断壁颓垣，满目疮痍，千百年的寺庙几成瓦砾。抗战期间，三元宫僧人与当地民众自发武装起来，奋起抗击日寇暴行。为纪念死难的爱国僧侣，20 世纪 90 年代在寺西修建了一座义僧亭，现已被江苏省佛教协会定为爱国主义教育基地。1979 年，江苏省、连云港市人民政府拨款按明代布局重修三元宫，基本恢复原貌，只在东南部保留了一块当年的残垣断壁，作为历史的见证。

1993 年 10 月，连云港市政府将三元宫交给僧人管理，更名为“海宁禅寺”，并筹集巨资增饰殿宇佛像，修建方丈室、会客室、千佛殿、迎宾楼，凿池建亭，广植花木。1995 年 2 月 14 日，将三元大帝迁到前院东偏殿，正殿重塑玻璃钢佛像三尊，每尊高 4.5 米，佛教称为“三世佛”。大殿门额书悬“大雄宝殿”四字，为原全国佛教协会会长赵朴初所题。

现海宁禅寺为二进大院，后为正殿，前为二殿，四座偏殿，一座山门。海宁禅寺前下方东侧是“自在天”小院，院东为深谷，清雅幽邃。内有正殿、西偏殿各三间，进入大门向东折北依山势起伏修筑有“L”形的长廊，内东壁上嵌清姚陶《登云台山记》碑刻五块。海宁禅寺前下方西侧与“自在天”小院相对的是“灵官殿”，也是一座独立小院，其南为一微型花园，有四季名贵花木，花木下有石凳石几，供游人小憩。东为“大仙庵”旧址，今为方丈室和客厅。客厅前有一凉亭，亭旁有小池，山门外东阶下有“长生庵”、“万寿庵”、“紫竹庵”。明神宗皇帝“敕赐护国三元宫”七个大字刻石，横嵌于山门门额上。近年来，海宁禅寺又大修了团圆宫，塑立起斗战胜佛铜身，进一步丰富了云台山《西游记》文化的内涵。

海清寺阿育王塔

位于连云港市花果山下的海清寺阿育王塔，是苏北地区现存最高和最古老的一座宝塔，相传最早为唐代大将尉迟恭所建，因此又称“唐王塔”。据塔的第五层东南面砌的碑文记载，此地原先曾建过一座塔，在唐代时号称全国第二。现存的阿育王塔始建于北宋天圣元年(公元 1023 年)，竣工于天圣九年(公元 1032 年)，距今也有近千年的历史。

海清寺阿育王塔继承了宋《营造法式》中的优良传统，塔基经过精心的选择和处理，结构严密合理，线条明快秀逸，风格雄浑古朴，是宋代砖石建筑的代表作之一，在我国古代建筑史上有着极其重要的价值。上海同济大学陈从周教授 1972 年 9 月来连云港考察时认为，海清寺阿育王塔和宋咸平四年(公元 1001 年)建的开元寺料敌塔时代相当，建筑形制相似，为“南北二巨构”。

海清寺阿育王塔高 40 余米，九级八面，原建在千年古刹——海清寺正殿前。海清寺是花果山主庙三元宫的下院，类似于今天的接待站。过去长途跋涉朝山进香的信徒，都要先在这里歇歇脚，再往山上攀登。明《隆庆海州志》描述海清寺：“峻宇修廊、万山环拱、浮屠九级、矗兀层霄。”可以想见当年的建筑规模和气势。旧日的海清寺早已损毁，而海清寺阿育王塔却历经千年风雨而屹立不倒。海清寺塔自古就是云台山的一个主要景点，明代叫“古塔穿云”，清代叫

“塔影团圆”。《海清寺塔柳峦记碣》中形容它：“上观似从天而降，回彻清霄；下看似从地涌成，宝堂连海。”清代郑三捷曾作诗颂云：“谁造佛图镇海东，金茎承露映瑶空。将倾复合真仙力，驱贼留人实佛功。缓步高堂随瑞霭，凭栏间立挹清风。飘飘恍若凌霄汉，千里山河指顾中。”

海清寺阿育王塔从始建到现在旧貌未改，这是一个奇迹。因为连云港古属海州，在我国郯庐断裂带东侧，是历史上地震活动比较频繁的地区。据文献记载，海清寺塔前后共经历过大小地震 18 次，连同附近地区明显有感的地震约 25 次，发生山崩、城圮六次，其中以清康熙七年六月十七日(公元 1668 年 7 月 25 日)郯城 8.5 级大地震波及海州最为强烈。州志有载，大震不仅使海州“城倾十之二三”、“屋宇多圮”，而且使“海退卅里”，但海清寺塔却安然无恙。直至今天，塔体中心仍未发现倾斜、砌砖坍落等现象，塔体完整。

海清寺塔为什么历经千年风雨而能岿然不动？利用现代遥感技术，这个谜终于得到了解答。海清寺塔位于云台山西麓，在两条小冲河的小分水岭之上，虽在坡上，但基址平缓。面上覆盖为第四纪地层，粘土加砾石，土质好，压缩性较小，下面是坚硬的弱风化花岗片麻岩，这就使塔基下的土层基础牢固，稳定性强。其表面土壤利于排除地表与地下水，不受地下水位升降的影响，因此地震时对地基的冲击力相应减小，破坏性弱化。地基下花岗岩的岩石倾向正好和坡向形成逆向，即使地震发生，此长彼消，也不会发生岩层移位和滑坡现象，保证了塔基的稳定。塔基的设计更是独具匠心。据探测，塔基深挖约两米，在片麻岩地基上再平铺 50—60 厘米厚的砾石层，并灌有黄泥浆。上铺五层长方形的整块大条石，纵横交错，层层叠扣，逐渐上收为台阶状。经化验，是用石灰糯米浆作为灰浆，使塔基形成一个整体。这座阶梯式的台基分散了上部九层塔身的附加压力，从而保证了塔体的刚度，又增加了上部塔体的抗震能力。

此外，塔身的结构也是一个抗震的范例。根据塔内的记载，海清寺塔的设计者与监督施工者均是“泗水成守元”，这是一位史书失载的伟大建筑学家，对海清寺塔从选址到地基、塔身的设计施工，他采用了许多至今仍可借鉴的科学方法。比如，自第七层至第九层及塔顶塔刹部，穿过一根直径约 40—50 厘米的木制刹杆；同时，自第二层至第九层，在外壁中部、塔门廊下二至三层砖处，都有平行八角边的卧木，直径约为 30—40 厘米；在门廊处又有一卧木，通向塔心柱与之拉结。卧木就是木筋，相当于今天的钢筋，增强了外壁之间及外壁与塔心柱的连接，使塔成为一个整体，从而极大提高了砖塔在平面内的“抗剪”能力和抗震能力。

在近年来对海清寺阿育王塔的复修勘探中，还发现了一个独特的砌筑工艺：

塔的外壁外墙有一层石灰砂浆砌筑、糯米汁石灰胶泥勾缝的外壳，与外壁内部砖砌体不相结合，就好像给塔穿了一件外套，这种与其他地区砖塔构筑不同的方法，使海清寺塔在地震发生时能够有力削弱共振，起到缓冲和抵消震力的作用。如今，海清寺阿育王塔已被列入国家文物局古建筑抗震能力研究名录。

韩侯祠

位于淮安市镇淮楼东侧的韩侯祠，是为纪念汉代开国大将韩信而建的一座纪念性建筑物。韩侯祠初建于隋唐之交，后历经几度兴衰、几度扩建，到明代晚期已有了相当的规模。明隆庆年间，当时的淮安知府陈文灿与文坛巨匠、《西游记》作者吴承恩把酒韩侯祠，成为一段佳话。

清康熙末年，韩侯祠的规模达到了它的鼎盛期，当时占地面积约 3000 平方米，坐北朝南，由前、中、后三殿，东西厢房，以及上房楼和花园等组成。到了晚清，韩侯祠日渐衰败，其后由于战火和其他历史原因，至“文革”后，韩侯祠仅存空荡荡的后殿三间。

1983 年，淮安人民政府对韩侯祠做了大修，重建了仿古门楼、院墙等。重建后的韩侯祠坐北朝南，东西宽约 23 米，南北长约 130 米。建筑具有浓郁的民族风格，祠中存有“精白乃心”、“国士无双”、“兴汉三杰”等匾额。大殿中置有韩信及侍从的泥塑偶像，中殿是穿堂，道中立一石刻碑记，后殿前檐有走廊，殿内设神台，帷幕佛龛，韩信坐像置于龛中，两山墙内嵌韩信事迹和明、清名人题词石刻。主殿后有一座三间两层楼房，楼前有株大银杏，两侧各有蝴蝶厅一个，楼后是小花园。后殿三间，殿中间置韩信戎装佩剑、气宇轩昂的立姿塑像，供后人凭吊。

寒山寺

位于苏州城西枫桥古镇的寒山寺，始建于南朝梁代天监年间（公元502—519年），距今已有1400多年历史。寒山寺初名“妙利普明塔院”，唐贞观年间因高僧寒山来此居住，故改名为寒山寺，成为吴中名刹。唐代诗人张继乘船回归故里时，曾夜泊枫桥，留下一首千古名诗《枫桥夜泊》，其中“姑苏城外寒山寺，夜半钟声到客船”一句，使得寒山寺声名大振。历史上，寒山寺先后五次遭到火毁（一说是七次），最后一次重建是清代光绪年间，现存寒山寺占地约1.06万平方米，殿宇大多为清代建筑，寺内主要建筑有大雄宝殿、庑殿（偏殿）、藏经楼、碑廊、钟楼、枫江楼、霜钟阁等。

走近紧邻枫桥的寒山寺，绿荫掩映中，即可见一排黄墙碧瓦。照墙上嵌有三方青石，上刻“寒山寺”三字，铁划银钩，笔力雄峻。步入寺内，寒山寺正殿大雄宝殿，面宽五间，进深四间，高12.5米。单檐歇山顶，飞甍崇脊，据角舒展。露台中央设有炉台铜鼎，鼎的正面铸着“一本正经”，背面有“百炼成钢”字样。出大雄宝殿，左边是近年新建的普明宝塔和方丈室，右边是六角形重檐亭阁状的钟楼。

现今寒山寺里的古钟早已不是张继诗中所提及的那口唐钟，明代嘉靖年间补铸的大钟也已不知下落。清光绪三十二年（公元1906年），江苏巡抚陈夔龙督造了一口高约0.8米，直径约0.62米的大铜钟，此钟至今保存完好。

寺南还有一座别具一格的“枫江第一楼”。寒山寺内原有一座

“枫江楼”,但已于300多年前塌毁。现有的枫江楼,是苏州市在1954年修整寒山寺时,将城内修仙巷内宋宅著名的“花篮楼”移建于此。花篮楼的建筑风格非常奇特,楼的底层南部比一般厅堂少用两根楹柱,即省去二步柱,在一楼的大梁与前檐的接榫处,换上了两个雕刻精细的木质花篮。而两根支撑全楼重量的主柱,又恰似花篮的提手,故名“花篮楼”。花篮楼的楼梯是围绕着主柱盘旋而上的螺旋式楼梯,十分别致精巧。

寒山寺始建时有塔,后毁于火。北宋时节度使孙承祐重建七层宝塔,元末又毁于战乱。此后600余年,寒山寺屡毁屡建,但都没有再建佛塔。1995年,寒山寺建成仿唐木结构楼阁式佛塔,名为普明宝塔。塔呈正方形,高42米,共有五层,塔内各层均有木梯。宝塔四周共挂有108个风铃,镀金的铜塔刹重达12吨,气势雄伟。

近年来,寒山寺还铸造了一口重108吨的仿唐式铜钟,钟高8.588米,钟底裙边最大直径5.188米,号称“天下第一佛钟”。与大钟同时建造的还有一座高达15.9米的诗碑,诗碑重达388.188吨,碑的正面刻着《枫桥夜泊》诗,背面刻着《般若波罗蜜多心经》。大碑立于水池之中,暗寓《枫桥夜泊》中水波涟漪、渔火点点的诗情画意。2008年,寒山寺的大钟、大碑入选《吉尼斯世界纪录》。

红梅阁

常州市红梅公园东南隅的红梅阁，是一座双层重檐复棚的古建筑，与近旁千年古刹天宁寺相对，古朴厚重，气势雄伟，为一般楼阁所少见。红梅阁始建于唐昭宗年间（公元889—904年），距今已有1000多年的历史。宋代，这里曾是贡士试院，后成为道院，传说道教南派鼻祖张伯端曾在此聚徒修炼。南宋末毁于战乱，元代重建道观，元贞元年（公元1295年）改名玄妙观，并建飞霞楼于观之东北。元末楼毁，明代在飞霞楼旧址建红梅阁，后毁于太平天国时期。

现存红梅阁为清光绪二十六年（公元1900年）重建。据《重建红梅阁记》碑文记载："阁高六丈有奇，其上金碧交辉。巍然对峙者，天宁者之九莲阁也。北窗洞启，碧后翠竹间红梅在焉。花如降雪，香沁心脾，耆奇者遐想仙踪，往往低徊之不欲去。"红梅阁建在2米高的土台上，是砖木结构建筑，重檐歇山顶，下有回廊，斗拱翘角，气势壮观。阁高17米，分上下两层，四周原筑垣墙，现改为石栏杆。南端有云鹤纹石坊，下有石级，为出入通道。坊额刻"天衢要道"四字，为明崇祯时题款；两旁石柱楹联为"道有源头，立言立功立德；工无驻足，希贤希圣希天"。

阁前院落原植红梅翠竹，香烟轻袅，竹梅成荫，尤其是红梅盛开季节，更是绚丽清艳，宛如一片霓云，被称作"常郡之巨丽"、"拟仙都之仿佛"。历代题咏颇多，如清朝常州籍著名诗人赵翼曾如此礼赞红梅阁美景:“出郭寻春羽客家,红梅一树灿如霞;樵阳未即游去,先向瑶台扫落花。”阁内外壁间至今犹存紫阳真人(张伯端)石刻像、著经处及建阁碑记等石刻。阁前冰梅石柱,为元代天庆观牌坊石柱原物,今存其一。石柱为圆形,长 2.5 米,直径 0.40 米,沥纹起作冰梅状,其色莹白有光,清乾隆《常州赋》称“甲于哥窑”,俗称冰梅石,里中传为奇观。红梅阁现为常州市级文物保护单位。

洪泽湖大堤

洪泽湖大堤是一座始建于东汉、发展于明清、完善于当代的淮河下游防洪第一屏障。它北起淮安市淮阴区码头镇,南迄洪泽县蒋坝镇,全长 67 公里,全部用石料人工砌成,雄伟壮观,蜿蜒曲折共 108 弯,犹如“水上长城”。大堤高 3—9 米,底宽 50—150 米,顶宽 10—30 米,超过了长城。雄伟的三河闸犹如长城的关口,蜿蜒的大堤犹如墙身,古水志条石和河营堡亭以及 85 米高的微波铁塔,则如同长城的烽火台。

洪泽湖大堤既是先民综合治理黄河、淮河、运河水系的伟大工程,又是一处可作为文化研究、旅游发展的历史文物、治水丰碑。大堤始建于东汉建安五年(公元 200 年),由广陵太守陈登主持建筑,初为 30 里,称为“高家堰”。明永乐年间(公元 1403—1424 年),督运陈宣在武墩至周桥之间兴工修堤,明万历年间(公元 1573—1620 年),河漕潘季驯将大堤延筑至蒋坝,至此,洪泽湖大堤基本建成,但一直到清乾隆年间大堤才全部建成。从 1580 年(明万历八年)起,洪泽湖大堤就开始增筑直立条石墙护面,历经明清两代 171 年,共使用千斤条石 60 000 多块,且规格统一,筑工精细,充分展示了我国古代水利建设的高超技艺。洪泽湖大堤的筑堤成库规划和直立条式防浪墙坝工程技术,代表了当时世界的最高水平,大堤作为明清两代“蓄清刷黄——治河保运”的治水产物,与古代防洪、供水、航运及军事、经济、社会的发展都有密切的联系。

2006 年 5 月 25 日，作为汉至清古建筑，洪泽湖大堤被国务院批准列入第六批全国重点文物保护单位名单。长城作为军事防御工程长久没有使用而成为静态文物，而洪泽湖大堤却得到一代又一代人的维护，迄今仍起着重大作用，保护着淮河下游 20 多万平方公里耕地、2000 多万人民生命财产和 10 多座中小城市的防洪安全。随着南水北调东线方案的实施，洪泽湖水库及高堰古堤坝将发挥出更大的工程效益。

虎丘塔

位于苏州市西北郊虎丘山巅的虎丘塔，被誉为“吴中第一名胜”，是苏州古城的象征。虎丘山海拔仅有34.3米，但风景秀雅，宋代大文豪苏东坡曾说过，到苏州而不游虎丘，乃是憾事。位于虎丘山风景制高点的虎丘塔，原是虎丘山寺（今云岩寺）内的一座佛塔，始建于隋文帝仁寿九年（公元601年），当时建造的是一座木塔，后来遭到损毁。现存的虎丘塔是一座砖塔，建于后周乾祐八年至北宋建隆二年（公元959—961年），这也是江南现存唯一始建于五代的多层建筑。虎丘塔为八角仿木结构楼阁式七层砖塔，内外两层枋柱半拱，其建筑风格与同一时期建的杭州雷峰塔相似，是10世纪长江流域砖塔的代表作。

由于虎丘塔从宋代到清末曾遭到多次火灾，塔顶和木檐都遭到了毁坏，原来的高度已无从知晓。据推测，虎丘塔若恢复其原塔刹部分，其高度可能在60米左右。现存的塔身高47.5米，以条砖和黄泥为主要建筑材料，腰檐、平座、勾栏等全为砖砌，外檐斗拱用砖木混合结构，全塔总重量达6000多吨。虎丘塔的平面形状为八边形，这对当时的建筑技术而言是一个突破。唐宋以前，传统建筑形式多为四边形，由四边形改为八边形，技术上要复杂得多，而建筑防御外力的性能也会大为增强。虎丘塔是我国大型高层佛塔中较早的八边形塔，此后，八边形塔成为我国佛塔的主要形式。从建筑结构上来看，虎丘塔是“套筒式”结构，这是当代世界上高层建筑常见的结构形式。塔内有两层塔壁，其间以叠涩砌作的砖砌体连接上下左右。全塔由外墩、回廊、内墩和方形的塔心室组合而成，八个外墩和四个内墩支撑起主塔的重量。内墩之内有十字通道与回廊沟通，外墩之内有八个壶门与外回廊连通。这样的结构使得虎丘塔十分坚固，历经千年而不倒。

虎丘塔的砌作、装饰也十分精美，如仿木结构建筑的斗栱，是按木结构的真实尺寸做出的，斗栱与柱高的比例较大，形制粗壮。其他如门、窗、梁、枋等的尺度及规模都再现了晚唐的风韵和特点。塔的外壁有外回廊(平座栏杆)，改变了之前只能从塔体门洞向外观望的状况。虎丘塔的内外装饰有着鲜明、热烈的特点，内外塔壁百余幅牡丹和太湖石塑画形态各异，栩栩如生。塔心室粉塑的宋代特征的纹样，对研究古代装饰也有相当价值。

由于虎丘塔的塔基建在山体的斜坡上，填土厚薄不一，自明代起，虎丘塔就开始向东北方向倾斜，塔顶中心偏离底层中心 2.3 米，斜度 2°40′，堪与意大利比萨斜塔相媲美。更为奇特的是，为了矫正塔的重心，明末对虎丘塔进行重修时，工匠们有意使塔的第七层向西南方向倾斜，以至于虎丘塔出现了塔身上部、下部向两个不同方向倾斜的奇观。建国后，苏州市政府邀请古建筑专家对当时已残破不堪、倾斜弯曲的虎丘塔进行了抢修。首先对塔身进行了加固，即在每层塔身加钢箍三道，并在每层的东西方向和南北方向加置十字钢筋，与塔身钢筋拉结在一起。同时还对塔体裂缝和塔壁缺损部位喷灌水泥砂浆，进行修补整固。1981 年至 1986 年又进行了一次大修，这次以加固塔基为主，在塔底外围 2 至 2.8 米处共打了 44 个深坑，直至岩石层，再在深坑之中构筑混凝土壳体基础，使塔的倾斜和沉降的变化都降到了极小的范围，使这座千年古塔转危为安。

华东饭店AB大楼

南京市华东饭店院内，有一块书有“美军顾问团公寓”字样的石碑。这里就是民国时驻华美国军事顾问团公寓大楼的所在，即民间俗称的AB大楼。

AB大楼占地面积约24 000平方米，建筑面积约15 000平方米。这幢楼是国民政府购地所建，1935年由上海华盖建筑师事务所童寯、赵深、陈植等建筑师设计，新金记康号营造厂营造。抗战爆发后，工程暂停，直到1945年抗战胜利后才竣工。大楼共四层，从外观到内部全部使用钢架、玻璃和预先烧铸的构件，由简洁抽象的长方形组合成舒展有序、起伏变化的形体，表面平整，加上通长的水平带形长窗，几何形体的纯净性，形成了虚实对比强烈的立体效果，具有很强的现代感。设计师童寯先生表现出彻底的现代派手法，摈弃了不必要的装饰，按合理方便的公寓要求布置平面，甚至连内部的家具陈设也亲自动手，精心制作成简洁、抽象的形式，以取得整幢建筑风格的里外协调一致。这样的建筑在绿草如茵、树木浓密的环境中，产生了人工与自然的对比景观，十分动人。

AB大楼的建筑形式彻底颠覆了复古主义严谨对称的三段式建筑原则，摈弃了繁复的外观设计，代之以抽象的几何体建筑单位组合，是南京近现代建筑史上最具代表性的现代派建筑之一，也是中国近现代建筑发展的一个重要实例和现代派建筑的样本。

淮安周恩来纪念馆

周恩来纪念馆是为纪念中华人民共和国开国总理周恩来而建立的一座大型纪念馆，是一座展现一代伟人周恩来风采的巍巍丰碑。纪念馆于 1988 年 3 月在周恩来故乡江苏省淮安市兴建，1992 年 1 月 6 日落成对外开放，邓小平为纪念馆题写了馆名。1998 年为纪念周恩来诞辰 100 周年，又增建了仿北京中南海的西花厅和周恩来铜像广场。

周恩来纪念馆坐落在淮安市楚州区东北的一个三面环水的湖心半岛上，总建筑面积 3265 平方米，由主馆和附馆两组气势恢宏的纪念性建筑群组成。在纪念馆南北 800 米长的中轴线上，依次有瞻仰台、纪念馆主馆、附馆、周恩来铜像和仿北京中南海西花厅等纪念性建筑。此外，还有岚山诗碑、海棠林、海棠路、樱花路、五龙亭、怀恩亭、西厅观鱼等景点。

纪念馆主馆底部基台呈方梯形，而馆体呈八棱柱体，在庄严中具有动感，喻示周恩来数次在我党我军生死存亡关头所起的扭转乾坤的作用；基台周围由四根巨大的花岗岩石柱撑起锥形大屋顶，寓意周恩来最早提出建设社会主义祖国四个现代化的千秋大业。与主馆相呼应的附馆呈“人”字形展开，寓示着周恩来伟大崇高的人格，并含蓄地表达了周恩来永远活在人民心中。在纪念馆的北侧还建有周恩来遗物陈列馆。馆区平面图呈等腰梯形，俯瞰全景，纪念岛和三个人工湖构成汉字“忠”字形。

周恩来纪念馆造型庄严肃穆，形式朴实典雅，既有传统的民族风格，又有现代建筑特色。它由中国工程院院士、东南大学教授齐康总设计，曾获国家设计大奖，工程质量获国家建筑最高奖——特别鲁班奖。

淮海战役烈士纪念塔园林建筑群

淮海战役烈士纪念塔园林位于徐州市东南郊的凤凰山东麓，占地77万平米，是为了纪念解放战争时期三大战役之一的淮海战役（1948.11.6—1949.1.10）而建立的。园林内有淮海战役烈士纪念塔、纪念馆，总前委群雕，国防园和淮海战役碑林五大主体建筑。

1959年，国务院决定在江苏省徐州市筹建淮海战役纪念馆，1965年11月纪念馆建成开放，陈毅元帅为纪念馆题写了馆标。这是一座具有民族特色的建筑，馆顶铺琉璃瓦，中间是庑殿重檐门廊。纪念馆建筑面积3950平方米，馆内陈列面积2800平方米，陈列分前厅、序言厅、战役厅、支前厅、烈士厅、后厅六部分，重点突出，布局合理，设备先进。

巍然矗立在凤凰山下的淮海战役烈士纪念塔，与淮海战役纪念馆同时兴建，塔高38.15米，面向朝阳。塔身正面镶嵌着毛泽东主席亲笔题词“淮海战役烈士纪念塔”九个镏金大字。上端雕刻着由五角星照耀下相交的两支步枪和围饰组成的塔徽。塔座正面镌刻着碑文，两侧为大型浮雕，右侧是人民解放军一往无前的英雄形象，左侧是人民奋勇支前的壮丽情景。塔下角亭环抱的围廊里，镌刻着党和国家领导人的题词及30 000多名烈士名录。塔前有长250米、宽31米的平台和129级台阶。步下台阶，是直径150米的园林中心广场。

位于园林西北部的淮海战役碑林，占地面积约20 000平方米，由碑亭、碑墙、碑廊、碑室等组成，布局严谨，错落有致，规模宏伟。主碑重150吨，其正面和背面分别镌刻着毛泽东主席的“人民的胜利”和“关于淮海战役作战方针”的手稿，500多幅碑刻中汇集了老一辈无产阶级革命家的墨宝，近年来党和国家领导人的题词，淮海战役参战部队老将军、老战士的题咏和海内外书法名家的不凡之作，具有极高的观赏价值和艺术价值。

位于园林南部的国防园，一期工程占地20 000平方米，由国防教育馆、兵器陈列场、模拟训练场、军体活动场组成。国防教育馆内设有国防教育厅和电教厅等五个展厅，通过大量实物、图片和高科技设施，使观众既能学习国防知识，又能亲自参加各种军事模拟活动。

淮海战役烈士纪念塔园林风景秀美，树木葱郁，芳草依依，百花争艳，是闻名遐迩的革命纪念地和风景游览区。这里先后被国务院批准为全国重点烈士纪念建筑物保护单位，民政部命名为全国爱国主义教育基地，国家教委等六部委命名为全国中小学爱国主义教育基地，中宣部命名为全国爱国主义教育示范基地等。

环秀山庄

位于苏州市景德路的环秀山庄，是以湖石、假山为主的一处古典园林。环秀山庄的建造历史最早可追溯到晋代王旬、王珉兄弟舍宅所建的景德寺，其后屡有兴废，明、清时期成为私家园林。明嘉庆十二年(公元 1807 年)，当时的园主孙均邀请叠山大师戈裕良在园中造了一座假山，这座秀丽奇特的假山一直存留至今。清道光年间，改称环秀山庄。后多毁损，1949 年时，仅存一山、一池、一座“补秋舫”。1984 年 6 月至 1985 年 10 月，苏州市园林局和刺绣研究所共同出资，对环秀山庄进行了较大规模的整修，由苏州园林设计室设计，苏州古典园林建筑公司施工，恢复了四面厅、有谷堂、问泉亭、边楼等，新砌、整修围墙 200 余米，铺砌地面 246 平方米，并加固假山，疏通“飞雪泉”，清理水池，补栽树木。

现环秀山庄占地面积 2179 平方米，其中建筑面积 754 平方米。园景以山为主，池水辅之，建筑不多。园虽小，却极有气势。环秀山庄是山景园的代表作，当年建造园中假山的戈裕良，叠山喜用“大斧劈法”，简练遒劲，结构严谨，错落有致，浑若天成，有“独步江南”之誉。园林大师陈从周称：“环秀山庄假山允称上选，叠山之法具备。造园者不见此山，正如学诗者未见李杜，诚占我国园林史上重要一页。”此园本来园内地盘不大，园外无景色可借，造景有一定的难度，但因布局设计巧妙得宜，湖山、池水、树木、建筑得以融为一体。

假山和房屋面积约占全园四分之三，水面占四分之一。池将假山分为主次两个部分，主山西北部为精巧的石壁，北部是面阔三间、南面临水的“补秋舫”。东北部为“半潭秋水一房山亭”。园的东侧围以高墙，与外界隔断，高墙上端开有漏窗，如同画框。西面是贯通南北的长廊，一侧靠墙，一侧面向假山敞开，略有凹凸收放。廊上起楼，高低错落。全园空间紧凑，布局巧妙，构成一个封闭而宁静的小天地。

1988 年，环秀山庄被列为全国重点文物保护单位，1997 年底被联合国教科文组织遗产委员会列为世界文化遗产。

惠山寺

位于无锡惠山秀嶂街(今惠山直街和横街交接处)的惠山寺,始建于南北朝,距今已有1500余年历史。它的前身是南朝刘宋司徒右长史湛挺创立的“历山草堂”,当时他归隐在历山(惠山),与南朝的南平王刘烁以诗章酬和,后人把他们的诗作列于壁间。

刘宋景平元年(公元423年),历山草堂被改作僧舍,称“华山精舍”。梁大同三年(公元537年),“华山精舍”又改称“慧山寺”,寺僧陈大德建大同殿。惠山寺是禅宗道场,历史上香火旺盛,高僧众多,唐宋鼎盛期僧舍达数千间。从唐朝会昌至清朝同治的千余年间,惠山寺五次遭劫,五次重建。1684年(康熙二十三年)康熙皇帝南巡时,曾驻足惠山寺,并在漪澜堂品泉。第二年,无锡人周宏词出资对惠山寺力加修治,题额为“圣敬式临”。后来,乾隆皇帝曾六次到惠山,在秦园和竹炉山房休息,写了不少诗词,还特地为“惠山寺”题额。咸丰至同治年间,李鸿章的淮军与太平军在吴地激战,惠山寺院毁于战火,仅存匾额。1863年,李鸿章在惠山寺的废墟上建立“昭忠祠”,辛亥革命后改为“忠烈祠”。

惠山寺为“南朝四百八十寺”之一,由于其悠久的历史和深厚的文化而居无锡十大丛林之首。解放后,无锡市人民政府对惠山寺进行了全面整修,1954年重新设计改建了“古华山门”和二山门,非常庄严古朴。现在惠山寺保留的古迹和建筑物有唐代听松石床、唐宋石经幢、古华山门、金刚殿、香花桥和日月池、金莲池、宋代金莲桥、明代古银杏、清代御碑、大同殿、竹炉山房和云起楼等。尤其值得一提的是，在古华山门内两侧，两座古老的石经幢分列左右，其中南边一座建于1100多年前的唐代，是无锡现存最早的地面文物。北边的一座则建于宋代。唐、宋两幢并存，为江苏省内所仅见，具有相当高的历史、艺术价值。金莲桥距今800多年，建于北宋靖康年间，是无锡最古老的石桥。步入古华山门后，有飞檐翘角的两层古建筑——金刚殿。殿始建于明朝正统十年(公元1445年)，檐正中高悬“惠山寺”一额，红底金字。金刚殿后，有水清如碧的池水一泓，即陆羽《慧山寺记》中所谓的“阿耨水也”，世称日月池。上架小巧玲珑的香花桥，凿于南北朝元徽年间。近年修复建造的大雄宝殿、惠山寺钟等展示了佛教文化的独特魅力。2004年，惠山寺修复开放并恢复宗教活动。

鸡鸣寺

位于南京市中心鸡笼山东麓的鸡鸣寺，是“南朝四百八十寺”之一。早在西晋永康元年（公元 300 年），这里就开始倚山造室，始创道场。东晋以后，此处被辟为廷尉署，至南朝梁普通八年（公元 527 年），梁武帝在鸡鸣山兴建同泰寺，当时，寺内有大殿六座，小殿及其他建筑十多座，还有一座九层高的宝塔、一座七层高的大佛阁。整个寺院规模宏大，极其壮丽，被誉为“南朝首刹”。梁武帝本人曾四次舍身（出家）于此寺。同泰寺后毁于战火，直到明洪武二十年（公元 1387 年），明太祖朱元璋命崇山侯李新督工，在同泰寺遗址上重建寺院，命名为“鸡鸣寺”，当时占地面积约为 100 余亩。永乐年间，迁灵谷寺宝志法坛至此，明宣德、成化、弘治年间多次整修扩建，盛极一时。清朝康熙年间，鸡鸣寺曾进行过两次大修，并改建了山门。康熙皇帝南巡时，曾登临这座古刹并题书“古鸡鸣寺”大字匾额。

乾隆五年（公元 1741 年），地方官为了迎接乾隆皇帝和太后南巡，重建了鸡鸣寺中的凭虚阁，作为驻跸行宫。乾隆为这座古寺题写了匾额和楹联。清咸丰年间，鸡鸣寺毁于兵火。同年重修，仅有房屋十余间，中间是小院，前面是正殿。同治六年（公元 1867 年），寺僧西池等募资修建了观音楼。光绪二十年（公元 1894 年），适逢戊戌变法失败、杨锐等“六君子”死难，两江总督张之洞念及旧友，将殿后经堂改建，以杜甫诗句“忧来豁蒙蔽”命名为“豁蒙楼”，并手书匾额。民国初,鸡鸣寺中又增建了景阳楼。

“文化大革命”期间,鸡鸣寺遭到严重破坏。改革开放后,南京市人民政府决定重建古鸡鸣寺。自 20 世纪 80 年代起,先后修复了山门、观音殿、大雄宝殿、豁蒙楼、景阳楼、韦陀殿、弥勒殿、志公台、念佛堂、药师佛塔、藏经楼、法堂、客堂等。1985 年鸡鸣寺重新对外开放,随后又逐步修建了大山门、毗卢宝殿、钟楼、鼓楼、放生池等建筑。1990 年建造了七层八面的药师佛塔,这是鸡鸣寺历史上第五座大佛塔,塔高约 44.8 米,塔内供奉一座明代青铜铸造的药师琉璃光如来佛像,从第二层开始,每层设四个明代金丝楠木佛龛,每座佛龛里供有楠木药师佛像,共 24 尊。

现鸡鸣寺占地面积约 5 万平方米,依鸡鸣山而建,一座“慈航桥”将古寺与台城连成一线,向东可进入小九华山,向北是玄武湖。山、水、林、寺融为一体,风景秀丽,环境十分幽雅,成为“金陵新四十景”之一。

寄畅园

坐落在无锡市西郊惠山东麓的寄畅园，是一座著名的古典园林。寄畅园原为惠山寺僧舍，明嘉靖初年（约公元1527年前后），南京兵部尚书秦金（号凤山）得之，辟为园，垒山凿池，移种花木，营建别墅，并将此处命名为“凤谷行窝”。秦金号凤山，而园子又建在惠山的山谷里，因此“凤谷”包含地名人名两层意思。“行窝”区别于皇帝的行宫，也表明这座别墅处于草创阶段，以山林野趣为主。

明嘉靖三十九年（公元1560年），秦金族侄秦瀚修葺园居，凿池叠山。万历十九年（公元1591年），秦金后裔秦燿因座师张居正被问罪而解职。回无锡后，寄抑郁之情于山水之间，疏浚池塘，改筑园居，新构二十处景观，每景题诗一首，并取王羲之《答许椽》诗：“取欢仁智乐，寄畅山水阴”句中的“寄畅”两字为园名。清顺治末康熙初，秦燿曾孙秦德藻对寄畅园加以改筑。延请当时著名的造园名家张涟（字南垣）和他的侄儿张轼精心布置，掇山理水，疏泉叠石，园景益胜。康熙、乾隆两帝到江南巡游时，每次必到此园，是为寄畅园的鼎盛期。其间在雍正初，秦德藻长孙秦道然因受宫廷斗争株连入狱，园被没官并割出西南角建无锡县贞节祠。乾隆元年，秦道然的第三子秦蕙田殿试中探花，入直南书房。第二年痛上《陈情表》，秦道然获释，寄畅园也被发还，由秦氏家族中最富有的德藻二房孙子秦瑞熙斥资白银3000两，将寄畅园修葺一新。乾隆十一年，族议“惟是园亭究属游观之地，必须建立家祠，始可永垂不朽”，将园内嘉树堂改为“双孝祠”，寄畅园为祠堂公产，故又名“孝园”。乾隆首次南巡时，指定寄畅园为巡幸之地，喜其幽致，携图以归，于北京清漪园万寿山东北麓仿建“惠山园”，即今颐和园中的“谐趣园”。咸丰、同治年间，寄畅园多数建筑毁于兵火，后稍作补葺。

1952 年，秦氏后人秦亮工将寄畅园献给国家，不久后，政府对寄畅园作了保护性修复。又将原贞节祠纳入园中，即今“秉礼堂”一组小巧庭院。后陆续重修九狮图石，重建嘉树堂、梅亭、邻梵阁等。1988 年 1 月 13 日，国务院公布寄畅园为全国重点文物保护单位。1999 至 2000 年间，对在太平天国期间毁坏的寄畅园东南部进行了修复，先后修复了凌虚阁、先月榭、卧云堂等建筑，恢复了其全盛时期的园林景观，使整个古园气机贯通，充满雅致。

现在寄畅园的面积为 14.85 亩，南北长，东西狭。园景布局以山池为中心，假山依惠山东麓山势作余脉状。又构曲涧，引“二泉”伏流注其中，潺潺有声，世称“八音涧”，前临曲池“锦汇漪”。而郁盘亭廊、知鱼槛、七星桥、涵碧亭及清御廊等则绕水而构，与假山相映成趣。园内大树参天，竹影婆娑，苍凉廓落，古朴清幽，以巧妙的借景，高超的叠石，精美的理水，洗练的建筑，在江南园林中别具一格。

寄啸山庄

位于扬州城东南徐凝门刁家巷的寄啸山庄，又名“何园”，是清代同治元年（公元1862年）湖北道台何芷舠购得“片石山房”旧址进行扩建，历时13年而建成的一座住宅型园林。建成后，取陶渊明《归去来辞》“倚南窗以寄傲，登东皋以舒啸”的意境，题名为“寄啸山庄”，又因园主人姓何，故俗称何家花园，简称“何园”。

寄啸山庄吸取了我国传统造园艺术的精华，又融入了西洋建筑的格调，形成了自己的特色。全园由东西花园、住宅庭院和片石山房三部分组成，占地14 000多平方米，建筑总面积7000多平方米，厅堂98间。主体建筑前后三进，全部用水磨砖砌成。山庄虽构筑于平地，但通过嶙峋的山石，盘山的磴阶，置建筑群于山麓陂泽，使人仿佛置身于山环水抱和山、水、奇石相望的幽险境界，有城市山林气氛。

山庄南部为住宅部分，前后三进，第一进为楠木大厅，第二、第三进为两层楼房，每进皆为七开间。楠木厅为主人会客之用，是整个何园保存年代最久的一幢建筑，距今已有400多年历史。它结构严谨，典雅端庄，极富层次，顶部为单檐歇山，中间三间略高，两旁两间略低，形成中高边低的两个层次。而从下部看，中间三间向前伸出两米，旁边两间自然置于后部，立面上又形成中前边后的两个层次。厅内厅外装饰极其富丽，外檐柱之间镶嵌大型木雕月牙门九个，雕刻冰纹如意图案，雀替是牡丹花的花篮，屋内窗隔全部使用梅花冰纹镶嵌而成。后面两进为双层楼房，屋宇宽敞，规模宏大，每进之间都有一个精致的小院，小院中略置花台，配以树木，以少量山石花草点景，显得幽静又富有生气。在楠木厅西侧有一石雕“不系舟”，临池停泊，坐在船上俯视池中游鱼，就像游船正从外面野航回来，其乐无穷。楠木厅东院墙上嵌有砖刻“片石山房”四字，是后人临摹石涛真迹而放大的。南部建筑总体布局严整，基本是多进四合院式建筑，是研究清代扬州大型民宅的活标本。

山庄的北部为花园，分东西两部分。东部以船厅为主景，厅的四周以瓦石铺装，纹似水波粼粼。中部凿有鱼池，楼阁环绕。西南主楼支出两翼，称“蝴蝶厅”。蝴蝶厅是上下两层的七楹楼房，中间三间稍突，两侧两间稍敛，崇楼杰阁的歇山顶四角昂翘，如蝴蝶振翅起舞。池北架有石梁与水心亭相通。水心亭枕流环楼，兼作戏台，水面和建筑的回音，大大增加了演出的音响效果，四周回楼可作观众席，设计十分巧妙。西南部池中拔起湖石山一座，峰峦陡峭，同中部开豁空间恰成对比。这里是全园的最高处，主峰以太湖石堆就，造园者在湖池旁采用点石之法，绕湖池一周，高低错落、曲折有致地以湖石围岸，在水亭旁又以湖石构成的曲桥以通亭阁，而在西南角则堆石成峰，底部还有梅花三洞，互相串连，碧水贯穿其中，远远望去，显得幽深清冷。

《扬州揽胜录》一书称寄啸山庄为“咸（丰）同（治）后城内第一名园”。作为清代后期扬州园林的代表作，寄啸山庄已成为全国重点文物保护单位。

金陵大学建筑群

南京市鼓楼区汉口路 22 号是南京大学所在地，也是金陵大学旧址。金陵大学（公元 1916—1937 年）成立后不久，即向美国教会募集资金在鼓楼西南坡购地 2340 亩，兴建新的校舍。1916 年至 1921 年间，第一批新校舍建成，金陵大学师生陆续由汇文书院原址迁入。此后又兴建了一批新校舍，至 1926 年，学校已形成一定的规模。

作为由西方人创办的大学，金陵大学的建筑布局与当时美国大学校园的特点相似，主要建筑沿南北向的一条主轴线布置，在建筑物之间安排几何规则式的绿地、广场，但每幢建筑又有着鲜明的中国传统特色。金陵大学建筑群至今保存良好，具有代表性的建筑有北大楼、东大楼、西大楼、东北大楼、礼拜堂、图书馆和学生宿舍等十余幢建筑，这些建筑物一律都是青砖墙面，歇山顶，上覆灰色筒瓦，建筑造型严谨对称，进深较大，窗户较小，显得封闭稳重，体现了中国北方官式建筑的特征。

校园中轴线的最北端是“北大楼”，这是金陵大学的主楼，当时称“行政楼”。北大楼建于 1917 年，由美国建筑师司迈尔（A. G. Small）设计，陈明记营造厂承建。建筑面积 3473 平方米，大楼地上两层，地下一层，砖木结构，采用中国传统的建筑形式设计，同时又糅合了西方的建筑布局。在大楼南立面的中部，建有一座高五层的正方形塔楼，将大楼分隔成对称的东西两半，塔楼顶部冠以十字形脊顶，实际上是西洋式钟楼的一种变形。大楼墙壁用明代城墙砖砌筑，清水勾缝，墙面布满了爬藤植物。这幢大楼现为南京大学办公楼，是南京大学的标志性建筑。

金陵大学东大楼在北大楼的东南部，当时称“科学馆”，建于1926年，由齐兆昌建筑师设计，陈明记营造厂承建。建筑面积3905平方米，平面为长方形，内廊式布局。大楼地上三层，地下一层，砖木结构。大楼设计采用中国北方建筑形式，屋顶脊中加脊，中部高耸。外墙采用青砖砌筑，素灰勾缝。大楼入口处建有突出的门套。东大楼在20世纪50年代因火灾烧毁屋顶，1958年修复。

从北大楼前长方形的草坪沿阶而下，是金陵大学礼拜堂，由美国芝加哥帕金斯建筑事务所于1917年3月28日完成设计，陈明记营造厂承建，1918年竣工。它是金陵大学现存最早的建筑物。礼拜堂建筑造型仿照中国古代的庙宇。地上两层，砖木结构，屋顶主跨为歇山顶，附跨为硬山顶，筒瓦屋面。外墙用明代城墙砖砌筑。1958年在大门入口处加筑了一座门厅。

金陵大学图书馆在北大楼的正南方，与北大楼共同构成金陵大学校园的中轴线，其他的建筑物基本上都分列在这条中轴线的两侧。图书馆建于1936年，由我国著名建筑师杨廷宝设计，陈明记营造厂承建。建筑面积2626平方米。地上两层，地下一层，钢筋混凝土结构。建筑平面为十字形。底层中部为宽敞的门厅，门厅东西两边各有一个大阅览室。在门厅的西侧，有楼梯通向地下室和楼上。楼上的布局与一楼相似。

1991年，金陵大学建筑群被国家建设部、国家文物局评为近代优秀建筑。1992年又被南京市人民政府列为南京市文物保护单位。

金陵机器制造局厂房遗迹

南京市秦淮区中华门外有一片特殊的旧厂房，在现代化的工业建筑群中，却不乏清朝和民国老厂房的身影。这里就是始建于清末的金陵机器制造局厂房遗迹。同治四年（公元 1865 年）夏，当时的两江总督李鸿章开始在聚宝门（今中华门）外扫帚巷东首西天寺的遗址上创办金陵机器制造局，次年建成厂房数十间，并迁入他在江苏巡抚任上一手创办的苏州炮局。金陵机器制造局是南京第一座近代机械化工厂，下设机器厂、翻砂厂、熟铁厂和木作厂，主要生产连珠炮、过山炮、开花炸弹、各类洋枪等新式西洋军火。在李鸿章的支持下，金陵机器制造局逐年扩建，到 1899 年已成为一个拥有近千台机器、约 1700 名工匠的大工厂，成为当时我国主要军火生产基地之一。

百余年来，金陵机器制造局几易其名，几度兴衰，其厂房遗址现隶属于南京晨光集团，近年来被改建为“1865 创意园”。走进创意园，具有西洋风格的金陵机器制造局老牌楼静静伫立在大门口，园内共有清朝、民国、新中国成立后不同年代各具特色的工业建筑 60 余幢，其中清代金陵机器制造局时期建筑主要有七处，分为三组。第一组为机器正厂、右厂、左厂，分别建于同治五年（公元 1866 年）、十二年（公元 1873 年）和光绪四年（公元 1878 年），每座均为两层建筑，建筑面积分别为 946 平方米、919 平方米、457 平方米。第二组为光绪七年(公元 1881 年)所建炎铜厂和卷铜厂,一层,建筑面积 1174 平方米。第三组光绪十二年(公元 1886 年)所建木厂和十三年(公元 1887 年)所建机器大厂,两层,建筑面积分别为 1018 平方米、1535 平方米。这些建筑都是由英国人设计和监督建筑的,仿欧洲折衷主义时期厂房建筑,外墙砖砌,人字型屋顶,三角桁架,门窗上部为拱形青砖清水墙,门额石刻记载着厂房的建造时间与厂名。这些破旧但仍不失轩敞的建筑,承载了中国人百年来的强国梦想。

金陵刻经处

在南京市中心淮海路与延龄巷交界处，有一座闹中取静的宅院，大门的门额上题有“金陵刻经处”五个大字。金陵刻经处由晚清著名学者杨仁山先生始建于同治五年（公元 1866 年），是近代中国第一家由私人创办的集雕刻经版、印刷及流通佛经、研究佛学于一体的佛经出版机构。金陵刻经处初设于北极阁，继迁至杨仁山位于常府街的家中，后又转迁至花牌楼（今太平路）一带。光绪二十三年（公元 1897 年），杨仁山考虑到金陵刻经处应有一处固定的基地，遂于延龄巷附近购置六亩多土地，并于其上建房 60 余间。建成后，杨仁山命人将历年所刻经版和整个印刷作坊都搬进了新居。此后，这座宅院的前部就作为金陵刻经处的经坊，后部则是家眷住地。宅院最西边是杨仁山的居室，这是一座掩映在绿柳丛中的独立平房，名为“深柳读书堂”，简称“深柳堂”。

金陵刻经处现占地面积 11 667 平方米，共有房屋 132 间。在青砖围墙中，两扇红漆大门十分醒目。院内的主要建筑有深柳堂、祇洹精舍、经版楼、杨仁山居士墓塔等。深柳堂坐北朝南，硬山顶，砖木结构，小瓦屋面，进深九檩 8 米，高 6 米，共分三间，中间是客厅，东边是杨仁山的卧室，西边是书房。客厅正中悬杨仁山画像和赵朴初题写的“深柳堂”匾额。经版楼原为平房，现已改建为两层楼房，门上悬赵朴初题“经版楼”匾额。杨仁山逝世后，归葬于经版房与深柳堂之间的庭院中，并建塔纪念。墓塔建于 1928 年，为六角形喇嘛塔，形制古奇，高8.88米，上刻“杨仁山居士之塔”，塔沿镌有精致的莲花。

20世纪30年代，日本侵略军攻占南京时，金陵刻经处的建筑多有损毁。建国后，南京市政府拨款重修了深柳堂。1973年，周恩来总理下达了保护恢复金陵刻经处的指示。1980年刻经处得到完全恢复，1982年被列为江苏省级文物保护单位。

金陵女子大学建筑群

位于南京市宁海路122号的南京师范大学，是在原金陵女子大学旧址上建造的，校园内至今仍完整地保留了原金陵女子大学的多座建筑。

金陵女子大学校舍由美国建筑师墨菲和中国建筑师吕彦直共同设计，陈明记营造厂承建。1922年开工建设，1923年即建成六幢宫殿式的建筑，分别是会议楼（100号楼）、科学馆（200号楼）、文学馆（300号楼）及三幢学生宿舍（400号楼、500号楼、600号楼）。1924年又建成一幢学生宿舍（700号楼）。1934年，图书馆和大礼堂落成。整个校园建筑充分利用自然地形，按照东西向的轴线布置，布局工整，平面对称。这些建筑物以宽阔的大草坪为中心，造型均是中国传统宫殿式建筑风格，而建筑材料和结构则采用了西方先进的钢筋混凝土结构，建筑物之间以中国古典式外廊相连接，中西方建筑风格在这里达到了有机的统一。

原金陵女子大学的建筑大多完好保存至今，并仍在使用。如金陵女子大学华夏图书馆现为南京师范大学随园校区图书院，这是一幢两层高的楼，建筑面积1397平方米，钢筋混凝土结构。单檐歇山顶，檐口简化不做斗拱，底层外墙用水泥粉刷，并用大型组合钢窗，室内装饰为中国传统形式。

金陵女子大学会议楼原为接待厅和室内运动场，又名中大楼，由美国史密斯女子大学捐款建造。中大楼坐西朝东，建筑面积1432

平方米，单檐歇山顶，小瓦屋面，中部屋顶略高，立面左右对称；主体两层，地下室一层，屋顶一层。钢筋混凝土结构，屋架有木结构和钢筋混凝土结构两种。

金陵女子大学科学馆原为自然科学楼，建筑面积 1541 平方米，钢筋混凝土结构，单檐歇山顶，主体两层，屋顶一层。平面布局为内廊式，楼梯设在大楼中部。

金陵女子大学宿舍楼由我国著名建筑大师齐兆昌设计，共四幢，建筑风格相同，都是单檐歇山顶，建筑面积都是 1151 平方米。主体两层，屋顶一层。钢筋混凝土结构，木屋架。宿舍楼的两端都建有柱式望楼。

金陵女子大学文学馆原为教室兼行政楼，建筑面积 1492 平方米，钢筋混凝土结构，单檐歇山顶，主体两层，屋顶一层。平面布局为内廊式，楼梯设在大楼中部。正门入口处建有一座宽大的门廊。

1992 年，金陵女子大学建筑群被列为南京市文物保护单位。

蠡园

地处无锡市风光秀美的蠡湖之滨的蠡园，离无锡市区约 10 公里，园因湖而得名。蠡园始建于 20 世纪二三十年代，此后多次整修拓建，遂成蔚为大观的近代著名园林。目前蠡园面积为 30 472 平方米，其中建筑面积 1750 平方米。水域占总面积的五分之二，在蠡园内，假山就水而叠，因水而活，尽显山水交融之“假山真水”的无限情趣。

蠡园大门古朴端庄，面阔三间，进深九架，双坡小青瓦屋顶，方砖贴面，下为金山石墙裙，门额为金色“蠡园”二字，是一幢颇具江南地方特色的“石库门”建筑。进入正门，过暗廊、月洞，穿假山屏障，景色豁然开朗。现在的蠡园由民国初年所建“青祁八景”、19 世纪 20 年代王氏父子所建蠡园、30 年代所建“渔庄”等组成。建国后，又扩建了百尺廊，新建四季亭、连心桥等。园中建筑很多，著名的有四季亭和千步长廊等。其中建于 1954 年的四季亭，是四座分别以春、夏、秋、冬命名的小亭，四亭造型完全相同，一律黄顶红柱，三面置有坐槛靠背，栋梁间彩绘四季花卉。春亭旁种梅花，夏亭旁种夹竹桃，秋亭旁栽桂花，冬亭旁种腊梅。四季亭周围有小桥流水，石径穿插，设小舢板供游人泛舟。四季亭左，有小桥通向湖中四面环水的小岛。岛上建有八角攒尖的敞亭，翘角处塑杂技雕像。亭旁有高约 1.6 米、宽约 1.8 米的砖刻，上书“渔庄”两字，为清末进士谢霈所书。

千步长廊位于蠡园东部，临湖而建，始建于 1927 年，长 289 米，是连接老蠡园与渔庄的建筑物。长廊一侧依墙而筑，一侧枕水，呈半封闭式。墙上遍开漏空花窗，一色由中国小青瓦砌成，89个(现存80个)花窗图案各异，富有我国民族建筑工艺特色。长廊中间架两座跨水廊桥，立月洞门八处，高低起伏，显得深邃多变。廊内有“饮绿”、“雪浪”、“澄波”、“织雨”、“伫月”等砖刻题额16方，东廊墙上嵌有名人碑刻38方。游人透过花窗可见亭台、楼阁、山水、桥廊，尽得窗窗景异之妙；另一侧临水敞开设置朱栏坐槛，水光潋滟，有“山光照槛水绕廊”的意境。

1995年国家邮电部发行的《太湖·蠡湖烟绿》和1996年朝鲜发行的《太湖》邮票，都将蠡园作为主景，使蠡园更加遐迩闻名。

灵谷寺

位于南京市中山陵东面的灵谷寺，始建于南朝梁天监十三年(公元514年)，当时，梁武帝女儿永定公主为安葬名僧宝志和尚，在今天的明孝陵处建了一座五层高的木塔，即“志公塔”。后来围绕志公塔逐步扩充成寺庙，名为“开善精舍”。南朝佛教十分兴盛，当时钟山一带有佛教寺庙70余座，但开善精舍规模最为宏大，殿宇林立，被称为“钟山第一禅林”。据史料记载，开善精舍鼎盛时期，仅从山门到大殿就有五里，占地约500亩。寺内有放生池、金刚殿、天王殿、无梁殿、五方殿、毗卢殿、观音阁等殿堂，寺后的志公塔十分巍峨壮丽。明初，为修建陵墓，朱元璋下令将明孝陵一带的所有寺院都迁往紫金山东麓，合为一寺，并命名为“灵谷寺”。迁址改建完成后，朱元璋御书“第一禅林”匾额。

明代灵谷寺规模宏大，是当时闻名全国的佛教三大寺院之一。清初，康熙、乾隆两帝南巡时均曾亲临灵谷寺，并留有墨宝。可惜后来因遭咸丰、同治年间的战火劫难，寺中建筑尽毁，只有无梁殿得以幸存。清同治年间重修灵谷寺，但规模已远不如当年。原灵谷寺仅存的无梁殿初名“无量殿”，建于明洪武十四年(公元1381年)，因供奉无量佛而得名，由于整座建筑没有用一根木头，全由巨砖垒砌而成，无梁无椽，所以又称无梁殿。殿高22米，宽46.7米，进深37.9米，外部飞檐挑角，恰似巍峨的宫殿，内部却如前后回旋的涵洞，深邃幽静。南北各有三个拱门，左右各置拱形窗。殿立于台座上，作歇山顶，全部仿木结构形式，雄伟、庄严、稳重，是目前国内保存下来的建造年代最早、体量最大的明代无梁殿。

清同治六年(公元 1867 年)，曾国藩在无梁殿东建造龙王庙。光绪年间(公元 1875—1908 年)，又陆续修建了志公塔、金刚殿和天王殿。1928 年国民党中央决定利用灵谷寺旧址作为国民革命阵亡将士公墓，灵谷寺原有的佛像全部并入龙王庙中。原灵谷寺万工池以北成为公墓入口，并以此为主轴分成三重院落。在天王殿旧址建阵亡将士牌坊一座，坊前置有石雕貔貅一对，无梁殿辟为阵亡将士纪念堂，堂北即为公墓。墓圹再北为松风阁，建于 1929 年，原为阵亡将士纪念馆。馆后为阵亡将士纪念塔，由美国建筑师墨菲和中国建筑师董大酉共同设计，1935 年建成，通称灵谷塔。

灵谷塔高 61 米，九层八面，为钢筋水泥和花岗石混合结构。塔基是直径为 30.4 米的大平台，外侧围以雕花石栏杆。塔的正面有石阶，石阶正中是一幅长 5.8 米、宽 2.8 米的白色花岗石雕“日照山河图”。纪念塔底层直径 14 米，顶层直径 9 米，每层都以绿色琉璃瓦作披檐，外有花岗石走廊，围以石栏，便于凭栏赏景。塔顶同样覆盖绿色琉璃瓦，飞檐翘角，塔尖竖有镀金相轮。塔内中央有钢筋水泥螺旋型扶梯，直上九层，共 252 级。灵谷塔造型优美，典雅庄重，既有传统民族风格，又十分新颖别致，在艺术风格上呈现出中西合璧的特色。

留园

位于苏州市阊门外的留园，与苏州拙政园、北京颐和园、承德避暑山庄并称中国四大名园，以建筑布置精巧、奇石众多而著称。

留园原是明嘉靖年间太仆寺卿徐泰时的“东园”，园内假山为叠石名家周秉忠所作，后荒废。清嘉庆年间，刘恕以徐氏故园改筑，更名为寒碧山庄，又称刘园。清同治年间，盛旭人（盛宣怀之父）购得此园，重加扩建，修葺一新，取“留”与“刘”的谐音，始称留园。清末著名学者俞樾曾作《留园游记》，称其为“吴下名园之冠”。

留园现有面积约 2 公顷，分为中、东、西、北四个景区。中部以山水见长，是全园的精华所在。中区的东南地带开凿有水池，西北地带堆筑假山，是典型的南厅北水、隔水相望的江南宅院的模式。东部以建筑为主，重檐迭楼，曲院回廊，疏密相宜。各建筑物设有多种门窗，每扇窗户各不相同，可沟通各部景色，使人在室内观看室外景物时，能将以山水花木构成的各种画面一览无余，视野空间大为拓宽。西部是全园最高处，以山景为主，环境僻静，富有山林野趣。北部竹篱小屋，颇有乡村田园风味。四个景区之间以墙相隔，以廊贯通，又以空窗、漏窗、洞门使两边景色相互渗透，隔而不绝。园内有蜿蜒的长廊 670 余米，漏窗 200 余孔。

留园集住宅、祠堂、家庵、园林于一身，综合了江南造园艺术，尤以独创一格、收放自然的精湛建筑艺术见长。建筑物约占留园总面积的三分之一，留园的建筑在苏州园林中不但数量最多，分布也较为密集，厅堂、走廊、粉墙、洞门等建筑与假山、水池、花木等组合成数十个大小不等的庭园小品。其布局之合理，空间处理之巧妙，皆为其他诸园所莫及。

留园中现有的建筑式样主要是清代风格，在不大的范围内造就了众多而各有特性的建筑，处处显示了咫尺山林、小中见大的造园艺术手法。层层相属的建筑群组，变化无穷的建筑空间，疏密有致，虚实相间，令人叹为观止。如园区东部有著名的"佳晴喜雨快雪"厅、"林泉耆硕"馆、还我读书处、冠云台、冠云楼等十数处斋、轩；北部有新辟盆景园；西区则有留园的主要观景建筑"涵碧山房"与"明瑟楼"等。其他建筑景观还有表现淡泊处世之坦然的"小桃源（小蓬莱）"以及远翠阁、曲溪楼、清风池馆等。每一个建筑物在其景区都有着自己鲜明的个性，而从全局来看，又丝毫不显零乱，有连续、整体的感觉。

1961 年，留园被公布为第一批全国重点文物保护单位。1997 年，包括留园在内的苏州古典园林被列为世界文化遗产。

茅山道院

镇江市句容县的茅山主峰上，有一组远近闻名的道观群，观以山名，统称为茅山道院。茅山是中国东南道教圣地，被道家列为“第一福地”、“第八洞天”。相传西汉年间，有渭城（今陕西咸阳）茅氏兄弟弃家来此修道，后得道成仙，山因此得名。茅山道院最早的建筑可追溯到西汉，距今已有2000多年历史。

茅山的宫观道院最盛时多达257处，有房屋5000余间。太平天国时曾遭兵燹，至清末，尚存“三宫五观”：三宫为崇禧万寿宫、九霄万福宫、元符万宁宫，五观为德佑观、仁佑观、玉晨观、白云观、干元观。1938年9月，日寇扫荡茅山，焚毁了90%以上的道院房屋。“文化大革命”中，茅山道院又遭损毁，只剩一些断垣残壁。改革开放后，政府拨款修复了九霄万福宫和元符万宁宫。

九霄万福宫因位于茅山主峰大茅峰顶，简称顶宫。它始建于西汉，初为石坛、石屋，祀三茅真君石像。元代延佑三年（公元1316年），赐额圣佑观，专祀大茅真君茅盈。明代万历二十六年（公元1598年），又得敕建殿宇，赐名九霄万福宫。宫内原有太元、高真、二圣、灵官、龙王五殿堂；藏经、圣师两楼阁；毓祥、绕秀、怡云、种壁、礼真、仪鹄六道院，左右两侧道舍、客堂等建筑近百余间。现有建筑多为近年重新修建。

九霄万福宫现有殿宇四进，依山而建。第一进为灵官殿。第二进为藏经楼，东有宝藏库，西有坎离宫。第三进为该宫的主体建筑太元宝殿。宝殿前东侧为迎旭道院，前西侧是仪鹊道院。第四进的主要建筑为升表台和二圣殿。升表台又名飞升台，相传茅盈当年就是在这里驾鹤飞升的。后为茅山道士拜符升表之所。二圣殿供奉着三茅真君的父母。二圣殿东西两侧各有一座新建仿古楼阁，东为道舍和客厅，西名怡云楼，楼上陈列室里陈列有珍贵的茅山“镇山四宝”：玉印、玉圭、玉符、哈砚，均为宋代珍品。

元符万宁宫位于茅山积金峰南坡，原为茅山道教藏印之处，因此简称“印宫”。梁代著名道士陶弘景曾结庐于此，唐代至德年间（公元 756—758 年）始建宫观。北宋时，茅山第 25 代宗师刘混康筑潜神庵于此修道。当时的皇帝宋哲宗慕名将他召到京师，赐号“洞元通妙大师”。元符元年（公元 1098 年）秋，敕重修其故居，赐名为“元符观”。元符观于徽宗崇宁五年（公元 1106 年）建成，徽宗赐名“元符万宁宫”。当时该宫规模宏大，前为睹星门，正中有天宁万福殿，祠三茅真君；左为玉册殿，右为九锡殿；东庑景福万年殿，以祀皇帝本命星宿神像，西庑飞天法轮殿，以藏朝廷恩赐茅山之道经；又有宝箓殿、北极阁、万寿台、九层台、宗坛祠、山神祠、广济龙王祠、本宫神护圣侯祠、本宫二使者灵佑灵护侯祠与三素、九真、众妙、大有、震灵五神堂及东秀、西斋、观云、启明、野隐、勉斋、西碧、东斋、乐泉、觉秀、云林、真隐、监斋十三房道院等。至 20 世纪 70 年代末，该宫除万寿台与勉斋道院内的部分道房之外，其余建筑均遭损毁。现已建成与修缮完工的主要建筑有睹星门、灵官殿、碑亭、万寿台、三天门、慈航殿、勉斋道院、黄鹤楼、东岳楼、道舍、斋堂、老君露天神像及附属工程等。

梦溪园

位于镇江市梦溪园巷 21 号的梦溪园，是北宋科学家沈括晚年住处，在这里他完成了不朽的著作《梦溪笔谈》。

镇江得山水之秀，自古以来就享有“城市山林，大江风貌”的美誉。沈括在《梦溪笔谈》序言里说：“翁三十许时，尝梦至一处，花木如覆锦。……后十余年，翁谪守宣城。有道人无外，谓京口山川之胜，邑之人有圃求售者。及翁以三十万得之……”从这一段文字及《沈括生平大事年表》可以得知：约在北宋嘉祐六年（公元 1060 年），沈括在京口（今镇江）购得一废圃。宋元丰八年（公元 1085 年）沈括在随州遇赦后，沿长江东下，在京口停留，实地察看了自己所购的园圃后，立即决定晚年定居京口，并把该年七月十五日定为建园日期。随后开始建草舍，筑小轩，将门前小溪命名为“梦溪”，庭院命名为“梦溪园”。

梦溪园周边环境较佳。沈括在《梦溪忘怀录》中写道，此地“……背山临流，气候高爽，土地良沃，泉石清美。左右映带，冈阜形胜，最为上乘。地势好则居者安也。”这样的地形符合中国古代择地造屋的要求，即所谓选址上的“左青龙，右白虎，前朱雀，后玄武”。龙与水相应，此处地势稍低；白虎与阜相联，此处地势略高；后有玄武为之屏障，前有较为平坦的空地及水池，朱雀任其翱翔，可谓风水宝地。沈括所定卜居之址，既有山林曲水之美，又有极佳的建筑与人居环境，既能满足他远离嚣尘的市隐之心，又能营造出“城市山林”的韵味和情调。正因为如此，沈括才做出了筑室于“京口之陲”的决定。沈括筑园选址的方法和条件，也为后世造园择地提供了范例。

由沈括亲自主持设计、建造的梦溪园，景色简约疏朗，格调淡泊宁静。初建时梦溪园占地十亩，内部的景况和布局在沈括的《自志》中可大致窥见。文中写道，梦溪园中“巨木蓊然，水出峡中，停潆杳缭，环地之一偏者，目之梦溪。溪之上耸为丘，千木之花缘焉者，百花堆也。腹堆而庐其间者，翁之栖也。其西荫于花竹之间，翁之所息壳轩也。轩之瞰有阁俯于阡陌，巨石百寻哄其上者，花堆之阁也。据堆之颠集茅以舍者，岸老之堂也。背堂而俯于梦溪之颜者，苍峡之亭也。西花堆有竹万个，环以激波者，竹坞也。度竹而南，介途滨河锐而垣者，杏咀也。竹间之可燕者，萧萧堂也。荫竹之南，轩于水际者，深斋也。封高而缔，可以眺者，远亭也。”可见，当时园内建筑有岸老堂、萧萧堂、壳轩、深斋、远亭、苍峡亭等，另有一条溪水流经园内。岸老堂建在百花堆上，是全家的住屋；萧萧堂是会客之处；壳轩是沈括的卧室和读书写作的地方。

宋元佑三年(公元 1086 年)，沈括定居梦溪园，开始闭门谢客，潜心著述。他卜居于此八年(57 岁至 65 岁)，死后归葬于杭州，其家属仍居镇江。此后梦溪园便逐渐荒芜，南宋宁宗年间(公元 1194—1224 年)，辛弃疾任镇江知府时，曾对梦溪园进行过修葺。宋嘉定年间(公元 1208—1224 年)，镇江“赵善湘勉其子复之，郡为开浚荷池，展拓基址，立内翰祠于池中。两岸栽植花木，结亭，为官民游赏之所”。后伍姓者占居。伍姓后嗣不振，将梦溪园卖给了北方人宪使李节。元代梦溪园曾一度“半为前军寨，半属他姓”。后转属严氏，一直为严氏宗祠。清时梦溪园景色较胜，且多有人题咏，“梦溪秋泛”成为当时京口二十四景之一。民国时期，梦溪园又逐渐荒芜直至湮灭，其原貌几乎荡然无存。

1985 年，镇江市在纪念沈括逝世 890 周年之际，于梦溪园原址附近对其进行了局部复建，近年又对梦溪园进行了全面修缮并重新布置展览。现在的梦溪园由两进六间青砖平房和一方小庭园组成，面积近 600 平方米。修复后的梦溪园虽然规模不大，陈列的展览内容却足以让观众比较深入地了解中国在 11 世纪时所达到的科技前沿，仿佛步入了《梦溪笔谈》的科学殿堂。

步入如今的梦溪园，大门上端有我国镇江籍著名科学家茅以升题写的石匾“梦溪园”三个大字，苍劲有力。踏进纪念室第一进，正中是沈括正面画像，器宇轩昂，雍容大度，是他当年主持北宋中央财政机关三司时的形貌。左右两侧为接待室兼陈列室，其间有古梦溪园原貌的沙盘模型，同时陈列着两件极为珍贵的文物，一是沈括摩崖题铭拓本，一为当年园中旧物——“梦溪”古石碑。这块长方形的赤褐色碑上刻有古朴苍劲的“梦溪”二字，从上下款“皇宋乙丑”、“中元日建”可以确定沈括建园并命名题字的年月应为宋神宗元丰八年(公元1085年)七月十五日。室四周挂有沈括的生平简介及大事年表。

作为省级爱国主义教育基地，梦溪园平均每年接待数千学生和游人。镇江市计划日后按照梦溪园的原貌逐步复修梦溪园，使这一诞生了科学坐标《梦溪笔谈》的历史名园重现于世，更好地发挥展示中国博大精深的科技文明的作用。

明孝陵

位于南京市钟山南麓玩珠峰独龙阜的明孝陵，是明朝开国皇帝朱元璋的陵墓。明孝陵修建工程从洪武十四年(公元1381年)动工，于洪武十六年(公元1383年)完成了享殿等主体工程，至永乐三年(公元1405年)全部建成，历时25年，先后调用军工10万人。建成时，围绕陵园的红墙长达22.5公里，纵深在2.5公里以上，是明代帝陵中规模最大的一座，也是我国现存古代最大的皇家陵寝之一，代表了明初建筑和石刻艺术的最高成就。

经历了600多年的沧桑，明孝陵许多建筑物的木结构已不存在，现仅存下马坊、方城明楼下部等砖石建筑，但陵寝的格局仍保留了原恢弘的气派，地下墓宫完好如初，保持了陵墓原有建筑的真实性和空间布局的完整性。

明孝陵的总体布局分两部分：一是导引建筑的神道，二是陵寝主体建筑。第一部分从陵墓入口处下马坊至文武方门，其间神道长达2400米。中国古代帝王陵墓的神道，一般都是笔直的直线，但是明孝陵的神道却环绕建有孙权墓的梅花山，形成了形似北斗七星的勺形，可谓与众不同。沿神道的建筑依次有下马坊、禁约碑、大金门、神功圣德碑碑亭、御桥、石像路、石望柱、棂星门等。其中“大明孝陵神圣功德碑”碑亭顶部已毁，仅存方形四壁，内有立于龟趺座上的石碑一块，碑高8.78米，碑座、碑额雕琢瑰丽。碑文由明成祖朱棣亲撰，详述明太祖的功德。石像路上相向排列着12对石兽，分别是石兽狮，獬豸，骆驼象，麒麟，马和象，每种两对，一对跪伏，一对站立。石像路尽头是一对高大的华表，上雕云龙，气势不凡。折向北面的神道上分别列着四对身着盔甲或蟒袍的文臣武将石像，可惜有些已经损坏。石人石兽的体型都很巨大，是明代石刻的艺术珍品。

过棂星门折向东北，便进入陵园的主体部分，即明孝陵的主体陵寝建筑，依次为金水桥、孝陵正门、碑殿、棱恩殿（亦称享殿）、内红门、升仙桥、宝城和宝顶。明孝陵的朱红大门坐北朝南，正对梅花山，门额上书“明孝陵”三字。现存碑殿是在原大殿遗址中部兴建的，内有清康熙皇帝所题“治隆唐宋”巨碑，两侧还有乾隆皇帝所题诗碑。碑亭后原建有两座御亭，西边称“宰牲亭”，东边称“具服殿”，今均已毁坏，仅存一些石柱和石井栏等。享殿原规模十分宏大，后毁于战火，现享殿为清同治十二年（公元 1873 年）复建，比原来的要小得多。在原享殿的位置上尚可见到 64 个石柱的基础。享殿后是一片纵深 100 余米、宽数十米的空地，这是当年露天祭祀的场所，中间有甬道，两边林木茂盛。甬道尽头有石桥，称大石桥，又称升仙桥，意思是过了此桥即为“仙界”。桥北是一座宽 75 米、高 16 米、进深 31 米的城堡式建筑，称方城。方城以大条石砌成，正中开拱门式斜隧道，有台阶可步入，台阶共 54 级。出隧道东西，各有石阶可登城顶。城顶原建有宫殿式建筑“明楼”，明楼顶部及木质结构已毁，现仅存断垣四堵。南面有拱门三个，另三面各有拱门一道。方城北面为“宝顶”，这是一个直径约 400 米的圆形大土丘，即朱元璋和马皇后合葬的地宫，它的四周是条石砌成的石壁，其南边石壁上刻有“此山明太祖之墓”七个大字。

明孝陵的建筑壮观宏伟，建筑布局依自然变化而定，其陵寝制度既继承了唐宋及之前帝陵“依山为陵”的制度，又通过改方坟为圆丘，开创了陵寝建筑“前方后圆”的基本格局。明清两代 20 多座帝陵，都是按南京明孝陵的规制和模式营建的，所以，明孝陵在中国帝陵发展史上有着特殊的地位，堪称明清皇家第一陵。1961 年，明孝陵被公布为第一批全国重点文物保护单位。2003 年 7 月，在第 27 届世界遗产大会上，明孝陵作为“明清皇家陵寝”扩展项目被列入“世界遗产名录”。

明祖陵

江苏盱眙县城西有一座被称为“明代第一陵”的明祖陵，是明朝开国皇帝朱元璋祖父、曾祖父、高祖父的衣冠冢，也是朱元璋祖父朱初一的实际殁葬地。据《朱祖璋系年要目》介绍，朱元璋祖居江苏省句容县通德乡朱家巷。元朝初年，为了逃避官府的苦役，朱元璋的祖父朱初一携带全家老小，逃到泗州、盱眙一带，居住在古泗州城北 13 里的孙家岗。朱元璋建立明朝后，追尊其高祖朱百六为玄皇帝，曾祖朱四九为恒皇帝，祖父朱初一为裕皇帝，并于洪武十八年(公元 1385 年)命皇太子朱标带领文武群臣和工匠到泗州城北杨家墩开始修建祖陵。至永乐十一年(公元 1413 年)祖陵全部建成，历时 28 年之久。

据有关史料记载，当年明祖陵建筑规模宏大，气势雄伟，十分壮观。陵墓呈平面长方形，南北走向。有皇城两道，外面土城周长 9 里 30 步；里面砖城周长 4 里 10 步。城门四座各三间，正殿五间，具服殿六间，红门一座，燎炉一座，棂星门一座，神厨三间，东屋三间，西屋三间，直房十八间，斋房三间，库房三间，宰牲亭一所，水金桥一座。从陵西门进去，北到积水亭还有石桥三座。后有神厨、宰牲亭、享殿、配殿。神道两旁，从南往北，并行相对排行着麒麟两对，狮子六对，华表两对，马倌两对，拉马侍者一对，马一对，文臣三对，武将两对，太监两对，一共有 21 对大型石刻。周围植树 70 000 余株。

因地处淮河入洪泽湖的湖口附近，明祖陵累遭水患。清康熙十九年(公元 1680 年),黄河夺淮,泗州城被洪泽湖湖水淹没,明祖陵也一起被吞没于湖水之中。1953 年春旱时,明祖陵重新露出水面,当地人称之为大墓头。1963 年旱时再次露出水面,被江苏省文管会考察古徐国遗址的专家发现,确认为明祖陵。1976 年起,国家开始拨款修复,1982 年初具规模,随后被列为江苏省重点文物保护单位。1996 年 10 月,明祖陵又被国务院批准为全国重点文物保护单位。20 世纪 80 年代以来,为保护明祖陵,筑堤 3000 米,把陵墓从湖水中隔出,其中 600 米危区段全部用块石护坡,四周栽上了松柏、水杉、梧桐等 60 000 余株树木,还新建了文物资料陈列室、抽水机站等。

由于沉没水底时间太久,明祖陵的木质建筑早已荡然无存,而石刻部分则保存完好。神道的两侧雄踞的 21 对石刻,大的重达 20 多吨,小的亦有 5 吨以上。石像皆由整块石料雕琢,一气呵成,无论是人像还是动物,表情、神态各不相同,生动逼真,是明代陵墓石刻中首屈一指的代表作品,具有很高的艺术价值。与木质建筑不同,长期淹没湖底反而使这些石刻较少损坏,细部一如当年清晰、细腻。如麒麟身上的云纹、拂起的毛发和披伏的鳞甲;狮子满头漩涡状的卷毛、颈带上迎风飘起的红缨;石马颈上丝丝可数的细鬃、身上依稀可辨的汗滴和马鞍上的龙凤花纹等,这些都是精美绝伦的石雕艺术精品。

从石刻群往北,是棂星门遗址和正殿遗址。正殿遗址处有石础子 28 个,由此可以想象正殿的宏大规模。朱元璋高祖、曾祖和祖父的合葬处称玄宫,现在可见有砖砌拱顶建筑物三穴,正面有高 2 米、宽 1.2 米的石门三座,至今未开掘。明祖陵的再现,使明代帝陵体系得以完备,为进一步研究明史、明陵以及帝乡的地理风貌提供了重要的历史依据。

南京夫子庙

位于南京市城南的夫子庙，以古色古香的建筑群、旖旎的秦淮风光、繁华的商业集市，吸引着八方游客。“夫子庙”并非南京独有，作为供奉和祭祀孔子的庙宇，在“独尊儒术”的封建中国，它遍布于全国每一个角落。然而，南京夫子庙因其历史悠久、规模宏大，不仅成为南京历史文化的重要标志，而且声名远播海内外。

南京夫子庙最早建于东晋，东晋成帝咸康三年（公元 337 年），丞相王导建议“治国以教育人才为重”，遂立太学于秦淮河北岸，这是夫子庙最早的建筑。公元 1034 年，宋仁宗将东晋学宫扩建为孔庙，宋代以后，这里成为南京府学或县学的所在地。明清两朝，夫子庙达到了鼎盛期，无数才子佳人在这里留下了动人的传说。由孔庙、学宫、贡院三部分组成的南京夫子庙，构成了当年江南的文教中心。

1937 年，侵华日军占领南京后，整个夫子庙建筑群被付之一炬。改革开放后，夫子庙古建筑群得到修复，兴建了大批明清风格的仿古建筑。除了将夫子庙一带的酒楼、茶肆、店铺都改建成“青砖小瓦马头墙，回廊挂落花格窗”式的建筑外，还恢复建设了大成殿、明德堂、尊经阁、江南贡院、乌衣巷、王谢古居、吴敬梓故居等 20 多处、30 多万平方米古迹。经过多年努力，夫子庙恢复了昔日的盛况，亭、台、楼、阁、殿错落有致，红、黄、蓝、白、黑交相辉映，明清江南街市风貌和古秦淮河景观得到了完美的再现。

现夫子庙以秦淮河为泮池（孔庙、学宫前的水池，古有在学府前建泮池能振兴学业之说），这种以河流为泮池的格局在国内比较罕见。泮池南有照壁，始建于明万历三年（公元 1575 年），长达 110 米，高 20 米，是国内最长的照壁。泮池的北岸，有一座建于明代的“天下文枢”牌坊，坊前为广场。东有魁光阁，西有聚星亭，犄角相望。坊北为石结构六柱三门的棂星门。再北为大成门，系孔庙正门，又名戟门。门内两侧，分别列有《孔子问礼图》《集庆孔庙碑》《封至圣夫人碑》《封四氏碑》四块古碑。

穿过庭院的甬道，即为大成殿。大成殿是孔庙的主体建筑，高 16.2 米，宽 27.3 米，深 20.9 米，七楹重檐，四坡五脊，屋脊上饰有“二龙戏珠”泥塑，为国内首创。殿前露台饰以围栏，这里是举行祭祀孔子活动的地方。环抱庙院的两庑，原为供奉孔子弟子七十二贤人处，现廊间壁上陈列有当代书法家赵朴初、林散之、武中奇等人的碑刻 30 余方。殿前的丹墀正中，伫立着国内最高的孔子铜像（4.18 米）。

大成殿后为学宫，学宫后有一座尊经阁，阁有五楹，上下两层，其东为梨香阁，原为崇圣祠，祀孔子的父母；再东为青云楼，原为供祀历代督学使的祠堂。尊经阁后为卫山。天下文枢坊至卫山，均在一条中轴线上。

夫子庙东侧有一座古代中国最大的科举考场——江南贡院。江南贡院始建于南宋孝宗乾道四年（公元 1168 年），初名建康贡院，是县、府学子科举应试场所，起先占地面积并不大，应考人数也不多。明初，朱元璋建都南京后，将苏皖两省的乡试及全国性的会试都集中于江南贡院进行。明永乐年间（公元 1403—1424 年）对贡院进行扩建，明隆庆年间（公元 1567—1572 年）再加以扩建，规模日益扩大。鼎盛时期的江南贡院有供考试用的“号舍”20 644 间，面积相当于北京故宫三倍规模，为当时全国 23 个行省贡院之首。

清朝乡试沿袭明朝，定名江南贡院，再度扩建，形成东起姚家巷，西至贡院西街，南临秦淮河，北抵建康路的大片建筑群。规模广大，建筑宏伟，属当时全国乡试贡院中最大的一座。最盛时，主考、典试、监临等官房数百间，考生号舍 24 000 多间。清末废科举，兴学堂，贡院遂废。1919 年，除保留明远楼等部分历史文物外，其余均辟为市场道路之用。明远楼为三层木结构建筑，始建于明永乐年间，重建于清道光年间，是科举考试时负责全贡院发号施令和警戒的办公场所。这座建筑的平面呈正方形，四根檐柱从底层直通至楼顶，梁柱交织。楼上四面临窗，便于监视整个会场的情况。楼北还有分隔“内帘宫”和“外帘宫”的飞虹桥。1987 年，秦淮区人民政府在贡院遗址上按原样修建了 40 间考生号舍。

此外还复建了旧时外帘官办公的“至公”堂，堂内陈列多种反映科举制度的文献资料和图片实物。

“一带秦淮河洗尽前朝污泥浊水；千年夫子庙辉兼历代古貌新姿”，大成殿思乐亭的一副楹联，正是夫子庙这片新古典主义建筑所表达出的文化理念。

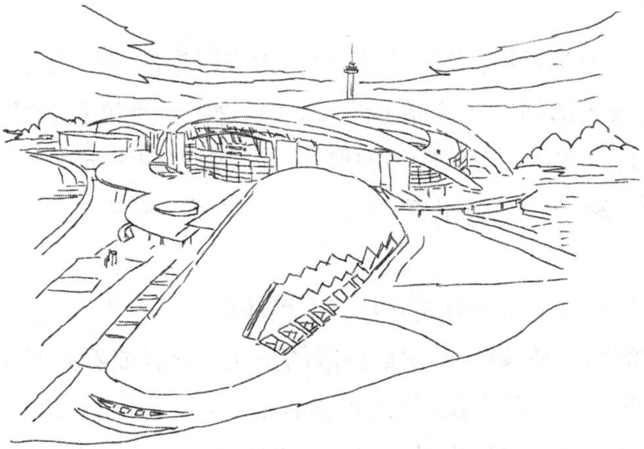

南京奥体中心

南京奥体中心位于南京市河西新城区中心区域，占地面积89.6公顷，总建筑面积约40.1万平方米，总投资约40亿元，于2002年8月18日正式开工，2004年底建成，2005年5月1日交付运行。2005年10月，中华人民共和国第十届全国运动会在这里举行，这里还将成为2014年第二届夏季青少年奥林匹克运动会的主会场。

南京奥体中心主要由主体育场、热身场、体育馆（太空舱形）、游泳馆（海螺形）、新闻中心（桅杆状）、网球中心（莲花瓣）、棒球场、垒球场，以及交通工程、环境景观、能源中心等配套工程和体育公园组成。奥体五大场馆以体育场为中心连成一个整体，可同时容纳8.7万人（其中主体育场6.2万人、体育馆1.3万人、游泳馆4000人、网球中心8000人）。五大场馆分别象征着体育与庆典、体育与未来、体育与海洋、体育与自然、体育与山川。

奥体中心体育馆曲面玻璃屋顶、玻璃幕墙、镂空金属板、金属构架、金属隔栅与大型百叶巧妙组合，白天和夜晚分别在室内空间和室外空间创造出梦幻般的光影效果。体育馆的设计灵感来源于太空站的联想和创意，设计理念表示体育和未来。体育馆中有两片冰场，是南方城市中惟一拥有冰场的体育馆。体育馆主馆还有独一无二的活动地板，冰场平时就埋在地板下面，活动地板面积近3200平方米，遇到有冰上项目时，从拆除活动地板到制冰再到成型使用，全过程只需 72 个小时。

游泳馆建筑面积 30 000 平方米，设有 3000 个观众席，内有游泳池、跳水池、训练池及戏水池各一个。游泳馆犹如匍匐在沙滩上的大海螺，这一造型寓意着“体育与海洋”，与副馆联成健儿挥臂在水中劈波斩浪的形态，给人强烈的场所感和水运动氛围。馆身长达 258 米，跨 76 米宽，呈 30 度角倾斜，坡面圆润流畅，浑然一体。

扎着“红飘带”的主体育场犹如皇冠一般端立在整个奥体公园的正中央，十分引人注目。主体育场屋面为流畅的马鞍形，其中最抢眼的是在远处就能看到的江苏“第一双斜拱”：两道横跨东西的红色大拱，像两条高挂的彩虹，又像两条红飘带，具有飘逸的动感，在湛蓝的天空下格外耀眼。这个水平跨度达 360 余米、斜度达 45 度的钢拱，在国际体育设施建筑史上尚属首例。巨拱内部还有一条走道，供工人检修、清洗之用，可以一直通向拱的最高处。体育场建筑面积约 13.6 万平方米，观众席位 62 000 座，其双曲面顶部构造可以确保观众席取得良好的视觉效果。

网球中心美丽的屋顶如同盛开的莲花花瓣，寓意着“体育与自然”。网球中心总建筑面积 66 万平方米，设有一个决赛场、两个半决赛场、14 个露天比赛场及四个室内比赛场，另外还有 10 000 多平方米的综合服务设施。是目前国内设施最全、标准最高的网球中心，可进行世界最高级别网球比赛。

科技中心建筑面积 23 000 平方米，包括 20 000 平方米的酒店管理式新闻机构办公楼、3000 平方米的行政管理中心。整个科技中心的设计传达的是对于力量与速度的美好体验，设计灵感来自于人类对于崇高体育精神的向往。百米观光塔，这个用玻璃和钢材构成外观的帆状建筑，仿佛整个场馆设计中的“神来之笔”。观光塔的塔身高 145 米，而游客可以到达的观光平台位于塔高 101.7 米处。这是江苏第一座钢结构观光塔，也是全世界最高的体育观光塔。观光塔圆形的观光平台面积为 500 多平方米，中部是由落地玻璃围成的休闲空间，外围则是由栏杆围挡的露天观景平台，可容纳 100 人同时观光。塔上配有两部高速观光电梯，仅需 33 秒就能登上观光台。

奥体中心体育场馆完全按国际第五代体育建筑群理念设计，即在多功能的基础上实现“公园化”。全运会后，奥体中心以“奥体花园”的新形象，成为集市民健身、观光、休闲、游乐等多功能于一体的活动场所。

南京博物院

位于南京市中山东路 321 号的南京博物院，是中国最早创建的博物馆之一。它的前身是 1933 年蔡元培等倡建的国立中央博物院筹备处，1950 年更名为南京博物院。

南京博物院是 20 世纪初全国唯一一座仿照欧美第一流博物馆建馆的现代综合性大型博物馆。1933 年，国立中央博物院筹备处在中山门半山园征地 12.9 公顷，原拟建“人文”、“工艺”、“自然”三大馆，后因时局关系，仅建“人文馆”，即现在的南京博物院大殿。该建筑为仿辽代宫殿式，之所以采用辽代的式样是因为博物院建筑委员会的设计思想是力图体现中国早期的建筑风格，以弘扬中华民族传统文化精神，同时又要区别于当时中山东路上其他几幢明清风格的仿古建筑。

博物院大殿的设计师是民国著名建筑师徐敬直，在梁思成、刘敦祯两位顾问的指导下，徐敬直放弃了原仿清式建筑的设计图，改为仿辽代蓟县独乐寺山门形式，某些细部则兼采唐宋遗存。辽式建筑风格于公元 10 至 12 世纪在我国北方形成，它继承了唐代的建筑传统而又有变化，主要表现为造型朴实雄浑，屋面坡度较平缓，立面上的柱子从中心往两边逐渐加高，使檐部缓缓翘起，减弱大屋顶的沉重感。尤其是屋顶下简洁而粗壮有力的斗拱，主要是起结构受力作用，不像明清以来的建筑斗拱，装饰意味越来越浓，受力性能越来越弱。

大殿于1936年6月开始兴建，1947年竣工。建成后的大殿为七开间，屋面为四面曲面坡的四阿式，铺黄色琉璃瓦。整个大殿气势雄伟，古朴庄重，因屋檐两边呈弧形渐渐向上翘去，又略有轻灵之感，成为中国近代建筑史上的杰作。陈列室仿美国某博物馆，做成平屋顶，外墙加上了中国古典式挑檐，与大殿风格协调。整座建筑物设计科学合理、比例严谨，受到了建筑界和社会各界人士的好评。

博物院的总体布局强调深层次的对称轴线，主体建筑离中山东路主干道较远，前面留下宽敞的空间，做草坪、广场和绿化带，大殿前建有宽大的三层平台，这样设计，可以衬托主体建筑的雄伟高大。20世纪三四十年代，日本侵略者占据南京，博物院遭到了多处破坏。抗战结束后，博物院启动了修复工程，1948年4月，第一期工程及附属工程竣工，并通过验收。

1949年新中国成立后，南京博物院进入一个新的历史阶段，人民政府拨款对博物院的建筑作了整修和增建，首先完成了原中央博物院留下的未了工程，添砌仿汉阙大门，修筑庭前马路，绿化周围环境。现在的南京博物院，门前是通往东郊明孝陵和中山陵的林荫大道，门内庭园广阔，花木葱茏，衬托出大殿的端严和壮观，成为南京城东一处耐人寻味的风景。

南京长江大桥

宛如一条巨龙横卧在南京市西北部长江江面上的南京长江大桥，是一座由中国人自己设计，用国产材料建成的双层、双线、公路铁路两用桥。这座建于20世纪60年代的大桥，至今仍肩负着繁重的南北交通和南京市内交通任务。

南京地处长江下游，江宽水急，工程地质条件复杂，1927年，美国桥梁专家华特尔来南京实地勘察后，认为在南京不可能建造跨江大桥。然而就是在这个"不可能"的地方，20世纪60年代，新中国的第一代桥梁工人依靠自己的聪明才智，在苏联单方面撤走桥梁专家和研究人员的艰难情形下，奋斗八年，耗资1.8亿人民币，用了50万吨水泥、100万吨钢材，终于建成了这座举世闻名的长江大桥。

南京长江大桥1958年开始勘察设计，1960年1月18日，长江南岸的9号桥墩首先开工，标志着南京长江大桥建设正式开始。当时，从全国调集了各路精兵强将，仅在开工时，就有10 000多人来南京报到，桥梁的建设者最多时达50 000多人。经过紧张、高效的施工，1968年国庆节铁路桥建成通车，1969年1月1日，公路桥建成通车，从此，长江天堑变为通途。

建成后的南京长江大桥，江面上的正桥全长1577米，双轨铁路桥全长6772米，宽14米，两列火车可同时对开。公路桥全长4589米，车行道宽15米，可容四辆大型汽车并行，两侧还各有2米多宽的人行道。

大桥的正桥部分由9座桥墩、10孔钢梁组成。每座桥墩平均高约80米，最高的桥墩从基础到顶部高85米，底部面积有400多平方米，比一个篮球场还大。根据南京地区长江水文地质情况的不同，9个桥墩基础分别采用重型混凝土沉井、钢沉井加管柱、浮式钢筋混凝土沉井、钢板桩围堰管柱等基础。正桥10孔钢筋梁中，除长江北岸的第一孔跨度为128米外，其余9孔均为160米跨度。

特别值得一提的是，南京长江大桥的钢梁原拟采用从苏联进口的低合金钢，但由于20世纪60年代中苏关系紧张，苏联在供货规格方面不能满足建桥要求，而此时南京长江大桥工程已上马施工，这个问题迫切需要得到解决。此时，鞍山钢铁技术人员通过认真研究，提出在保证钢材韧性和塑性的前提下，在大型桥梁对钢材要求的容许范围内，可以适当降低钢材的强度，最终为这一钢种制订了符合桥梁使用的“16锰桥”技术规范，使成品合格率得到了成倍的提高，保证了南京长江大桥钢梁的需要。

南京长江大桥不仅工程质量过硬，造型也十分优美，具有很高的观赏价值。大桥南北岸的公路引桥由22孔、长780米，富有民族特色的双孔双曲拱桥组成。公路正桥两边的栏杆上镶嵌有200幅铸铁浮雕，人行道旁还伫立着150对白玉兰花形的路灯。

公路桥的南北两端各建有一对桥头堡，每堡均有电梯上下。桥头堡是一座大桥的标志性建筑，1958年，南京长江大桥的桥头堡向全国征集方案。中国建筑学会从全国17个单位设计的57个方案中，评选出三个推荐方案呈报国务院。最后，选定了原南京工学院(今东南大学)杨廷宝教授主持设计的红旗方案，就是我们现在看到的南京长江大桥桥头堡。每座桥头堡上各有三面红旗，象征着20世纪50年代的人民公社、大跃进和总路线。而塑像上五个人物，是当时中国社会的五大组成部分，即工、农、兵、学、商。他们共举五星红旗昂首向前，象征着团结一致革命的苦干精神。在桥头堡堡身周围刻有“全世界人民大团结万岁”等浮雕。这些雕塑和浮雕，是大桥特有的建筑装饰，浓缩了新中国的建设成就，成为见证时代的标志。主堡纵向矗立，与桥梁的横向延伸，加强了建筑的空间张力，使大桥更加雄伟挺拔。三面红旗的桥头堡建成后风靡全国，被多次模仿。

南京长江大桥的建成开创了我国自力更生建设大型桥梁的新纪元。南京长江大桥的意义已经超越了建筑技术领域，成为20世纪60年代中国人的精神脊梁。它与原子弹和人造卫星一起被视为中国20世纪最有分量、最鼓舞人心的创举。

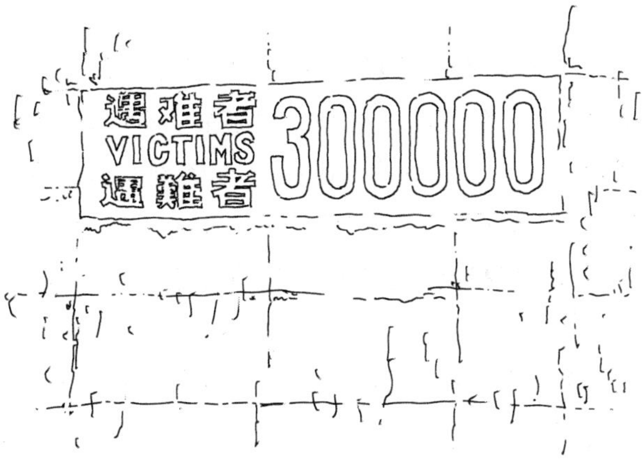

南京大屠杀遇难同胞纪念馆

1937年12月，侵华日军在南京制造了惨绝人寰的大屠杀，30万生灵涂炭，全城三分之一的建筑毁于一旦。为悼念南京大屠杀遇难者，1985年，南京市人民政府在当年日军大屠杀现场之一的江东门“万人坑”遗址，建成侵华日军南京大屠杀遇难同胞纪念馆，1995年又进行了扩建。

扩建前的纪念馆由著名建筑大师齐康院士主持设计，他打破了中国纪念建筑常用匀称堡垒式的传统，整座建筑物采用灰白色大理石垒砌而成，突出遇难同胞被屠杀死难的立意。整座纪念馆气势恢宏，庄严肃穆，被誉为是一部用石头筑成的史书，曾获“中国20世纪80年代十大优秀建筑设计”和“中国当代环境艺术十佳”等殊荣。

扩建后的纪念馆，占地面积达到30 000平方米，其中建筑面积约为5000平方米，墙面均以花岗石、大理石、青条石砌铺。正馆临街而筑，屋顶呈曲尺形平台，正面石壁上，镌刻有邓小平手书馆名“侵华日军南京大屠杀遇难同胞纪念馆”16个大字。左侧入口处，由中英日三种文字镌刻的石碑上书有：“遇难者300 000”。进入大门，悬挑4米的空框雨篷，营造出压抑、负重、沉闷的第一视觉。13米高的十字形标志物，暗喻着1937年12月13号那个大屠杀发生的黑色的日子。

从大门到纪念馆正馆之间，是一个空旷有如墓场的庭院。庭院以大片鹅卵石铺地，寸草不生，营造出沉重悲凉的氛围。院落的一边是苍白凝重的石墙，一边是生机盎然的雪松，围合成生与死的主题表现。石墙长 50 米，上面铭刻着已被找到的遇难同胞的名字，又称“哭墙”。墙壁高低错落，残缺破损，中间有细长的裂缝，是对“刀劈杀戮”的隐喻。三根黑色的石柱和顶部五个暗红色的圆环，则隐喻着 30 万遇难的同胞。

纪念馆主馆的入口，斜边的坡墙和漆黑的门洞，给人一种步入墓穴的暗示。隔着广场与主纪念馆相对的，还有一座半地下的纪念馆。它像一个大型的墓冢，梯形的屋面，使人联想到棺木。室内的视线与室外的地平线同齐，使人产生一种被埋葬的恐惧，在形同墓穴的空间里，陈列着留有刀痕枪眼的尸骨。

南京大屠杀遇难同胞纪念馆是一座中国本土现代主义的代表力作，建筑师突破了中国主流的建筑传统，在建筑风格中融入了西方后现代建筑的元素。在这座由石头围合而成的建筑中，建筑的材料功能与精神功能获得了统一，表现出建筑师娴熟的主题表达能力，使之成为当代中国建筑的扛鼎之作。

南京鼓楼

位于南京城中心鼓楼岗上的鼓楼，始建于明洪武十五年(公元1382年)，其地理位置距明代南京十三个内城门的位置大致相等，形如方城，是古代为击鼓报时而建，有时也用作迎王选妃、接诏书等大型庆典活动。鼓楼在今天周围的高楼大厦环绕中，显得十分低矮，但在明朝却是南京城中数一数二的巍峨建筑。鼓楼分上下两层，上层歇山顶、作楼阁状，飞檐翘角，分为中殿和东西两殿，滴水直落台座之外。下层如城阙状，高达9米，三座拱门，四面红墙环绕，飞檐迎风，气势雄伟，整个建筑面积达到880平方米，其规模之大为国内鼓楼所少见，堪称明代首都之象征。

到了清代，由于多年天灾人祸的损毁，鼓楼只遗留下城阙。清康熙二十三年(公元1684年)，康熙皇帝南巡曾临幸鼓楼。次年，地方官员为康熙皇帝歌功颂德，在楼上建有承以龟趺、高5.24米的巨碑，并镌有“圣谕碑楼”石刻，鼓楼也因此更名为“碑楼”，故而鼓楼有“明鼓清碑”之称。现存的鼓楼基座为明代遗物，其上部建筑建于清同治年间，上有横额，题为“畅观阁”。目前南京鼓楼是江苏省级文物保护单位，也是南京的地标建筑之一。

南京火车站

对于很多坐火车来南京的人来说，前临玄武湖、后枕小红山的南京火车站，是美丽的金陵古城给他们的第一个惊喜。火车站站房如同一艘竖起桅杆、拉满风帆的巨型帆船，停泊在风光旖旎的玄武湖畔。站房前开阔的南广场紧临玄武湖，湖的对面矗立着一幢幢高楼，既不失江南水乡的柔美，又充满现代化大都市的气息。

南京火车站老站房在1999年因火灾被烧毁，2002年由铁道部、江苏省、南京市三方共同投资在原址改建火车站新站房。新站房改建工程总投资3.5亿元，历时三年。2005年9月1日南京火车站南站房、南站场、南广场作为十运会重点工程项目投入试运行。

新站房东西长270米，南北进深53.5米，地下一层，地上三层，站房总建筑面积41 000平方米，是原站房面积的六倍。新站房建设还采用了大量先进技术，如站房外型采用法国AREP公司的设计方案，内部功能采用铁道部第四勘察设计院的设计方案，充分体现了标志性、功能性、系统性、先进性和文化性的有机结合。站房主体结构由18根后倾钢管混凝土柱为主要受力构件，大面积、大跨度的斜拉索轻钢屋盖体系，现代化的悬挂结构技术，通透的点式玻璃幕墙，自动监控消防水炮，远距离送风大温差设计分层空调系统，处处体现了现代科技与新型建筑的完美结合。

在新站房后开工的南京站站场改造工程，主要包括新建无站台柱钢结构雨棚，增加两线一站台、两座进站天桥，新建出站、行邮包地道以及其他配套设施。无站台柱钢结构雨棚覆盖面积达 47 500 平方米，雨棚长 543.5 米、宽 87.5 米，由 75 根特种钢柱支撑，最高点距站台面 20.456 米。出站地道长 110 米、宽 7.5 米、高 3 米，行包地道长 110 米、宽 5.25 米、高 3.1 米，邮包地道长 110 米、宽 5.25 米、高 3.1 米。行包和邮包采用专用地道进出，改变了原来通过平过道跨线上站台的方式，确保列车安全畅通。跨线天桥设有梯道，残疾人专用电梯与各站台相连，旅客可以便捷地到达各站台。

新站房前的景观广场分为集散主广场区、过渡性引导广场区和湖滨亲水休闲区，总面积近 40 000 平方米，比原站前广场增加一倍。集散主广场区面积约 20 000 平方米，直接连接主站房、地铁出入口，以大面积铺地为主，两侧栽植树木花草。过渡性引导区的中间绿地做下沉处理，放置各式景石，两侧伴以雪松树阵。湖滨亲水休闲区搭建了“亲水平台”，玄武湖中心有一个 138 米高水柱的“超级”喷泉，喷出的水流速度超过每秒钟 100 米。气势恢宏的站房、开阔的景观广场和碧波荡漾的玄武湖，组成了一幅既大气磅礴又有亲和力的美丽图卷，使每一位旅客对南京留下了美好而深刻的“第一印象”。

南京明城墙

在六朝古都南京，历史古迹随处可见。然而，规模最大、最能使人们感喟历史沧桑的，要数那绵亘数十里的明城墙。

元末明初，朱元璋攻占集庆（今南京）后，即有意定都于此。他采纳身边谋士“高筑墙，广积粮，缓称王”的建议，开始在南京修建以城墙为主的防御工事，这一浩大的工程在明朝定都南京后继续进行。据《江苏省志》记载，南京明城墙从元朝至正二十六年（公元1366年）开始修筑，到明朝洪武二十年（公元1387年）合龙，1393年才全部竣工，历时20多年。建成后的城墙总长度达到了33.67公里，城墙十分高大宏伟，高度一般在14米到21米之间，城墙内外壁均向内倾斜，类似金字塔状，城基的宽度为14米左右，顶部的宽度在4米到9米之间。有垛口13 616个，堡垒200个。

为建造这座举世无双的都城城墙，朱元璋特地征调了“一部（工部）、五省、三卫、二十八府（州）、二百多县、镇”负责整个工程，共计动用百万余众民工，耗费600多万两黄金，用了3.5亿块城砖，工程土方达700万立方米。城墙一般先用花岗岩或石灰岩的条石做基础，上面再用大砖垒砌内外两壁和顶部。砖用优质粘土或白瓷土烧制，长度一般在40—45厘米，宽度20厘米左右，厚度10厘米，上面刻有造砖府县、监造官员和工匠的姓名及造砖年月。内外壁之间用碎砖、砾石和黄土层层夯实。城墙顶部和内外两壁的砖缝里，都浇灌一种用石灰、糯米汁(或高粱汁)或再加桐油掺和而成的“夹浆”，夹浆凝固后黏着力很强，使城墙能够经久不坏。现存21.3公里的南京明城墙，经历600年风雨仍然屹立，可见其基础工程和防护工程都比较牢固。此外，明城墙的设计十分巧妙，设计者根据防御的需要，依据不同地段的地形条件，采取不同的结构，并应用不同的建筑材料。

为应对南京多雨、有洪水威胁的地理环境，南京明城墙还设置了完善的防、排水系统。城墙墙顶用砖铺成地面并砌成“雉堞”(即城墙顶部靠外一侧的锯齿状矮墙)，设置了石质排水明沟，明沟每隔约50米距离设置石质泄水槽，以便将水排出墙体。城基部分每隔一定距离也设有水关、涵闸等，将城墙内侧的积水排出城外。

南京明城墙建成时共有13座内城门，即“三山聚宝临通济，洪武朝阳镇太平，神策进串定中阜，仪凤清凉到石城”，此外还有两座水关。现存内城门有聚宝门(今中华门)、神策门、清凉门、石城门和重修的朝阳门。

作为中国古代军事防御设施、城垣建造技术集大成之作，南京明城墙无论是从历史价值、观赏价值、考古价值来看，还是从建筑设计、规模、功能等方面来看，都是中外其他古城墙无法与之相匹敌的。它也是中国现存最大的一座砖城，是继长城之后的又一历史奇观。

南京石鼓路天主堂

位于南京市白下区石鼓路112号的天主教堂，其前身由最早来中国传教的意大利传教士利玛窦所创办。16世纪末，利玛窦曾先后三次来南京，并于1599年在城西罗寺湾购买私宅，略加改造，建立了南京第一个天主教公所。四年后，他又在今天的中山门外四方城建立了南京第一座天主教礼拜堂。1618年，由于南京教案的原因，教堂被拆除。

1864年，法国传教士雷居迪随法国的炮舰来南京收复教产，在原佛教古刹的废墟上重建天主教堂，即今石鼓路天主堂，初名圣母无染原罪始胎堂，建成于清同治九年(公元1870年)。1927年，石鼓路天主堂毁于北伐战争的战火，1928年国民政府拨款重建，当时建筑面积约为900平方米。

石鼓路天主堂糅合西方古代教堂拱顶结构及光纤色彩的传统手法，外观及内部结构上模仿罗马式，是一座“罗马风”(Romanesque)式建筑。“罗马风”式建筑，顾名思义，就是在古罗马建筑的基础上发展起来的一种建筑风格，产生于10世纪至12世纪。这种风格的建筑，在南京仅此一处。建成后的天主堂坐北朝南，高两层，正立面中间高，两边低，左右对称。外观造型简洁朴实。人字形顶，无梁，平面呈十字形，砖木结构，瓦楞镀锌铍皮屋面，拱形门窗。

教堂内部空间主要分为三部分，即高耸的中厅和两边低矮的侧廊。中厅的跨度明显大于侧廊，形成主次分明的空间布局。堂内天花为圆弧拱顶，富于变化。由于技术和材料的限制，该堂的屋顶结构仍然采用中国传统的木屋架，下面用曲线的木构件和灰板条模仿罗马风的圆拱作为吊顶，虽是仿作，但几可乱真。堂内绘有多种图案，在教堂正中祭坛上设有“无染始胎圣母像”。祭坛后部中央有一座钟楼，内有大钟一口，钟楼顶部也有十字架，与屋脊上的十字架相呼应。

石鼓路天主堂是南京现存历史最久的天主堂，也是南京现存最早的西式建筑。1930 年以后，这里一直是天主教南京教区的主教座堂。1978 年后，江苏省及南京市天主教爱国会在此合署办公。现为江苏省省级文物保护单位，并入选中国著名教堂名录。

南京图书馆新馆

在南京总统府近旁，有一座极具现代气息、有着璀璨弧形“宝石”幕墙的建筑，这就是21世纪初新落成的南京图书馆新馆。它既是展示江苏文化底蕴和现代化建设成就的标志性建筑，又是服务市民、传播文化的重要平台和教育、休闲、文化消费场所。南京图书馆是全国第三大公共图书馆，其前身可追溯到创办于1907年的江南图书馆，其馆址原位于南京市成贤街。南京图书馆新馆2002年开工建设，共投资4亿元人民币。2006年落成并部分对外开放，2007年实现全面开放。

这座气势不凡的现代化图书馆，占地面积共2.52万平方米，建筑面积7.79万平方米，设计总高度41.1米，分为地上九层和地下两层。新馆设计充分体现了科学先进性、城市场所性、文化艺术性等理念，整体造型独特、简洁、美观、流畅。受南京明城墙残垣的启发，南京图书馆新馆将“现代钢筋结构”与“城墙遗韵”有机融为一体，既体现了古城深厚的文化积淀，又具有强烈的现代感。新馆屋面和四周立面以钢结构和铝板为主，外部装饰除了淡黄色的石材之外，还有浅白色的铝板和宝石绿的玻璃幕墙，在现代时尚的外形下流露出儒雅大气。特别值得一提的是，从节能与环保的要求出发，新馆玻璃幕墙所使用的是一种新型的低辐射低反射玻璃，这样不仅能大大削减以往常规玻璃幕墙的光反射污染，而且可以为建筑内部节电起到很大作用。空中俯视，整个建筑呈“凹”形，而中央凹面的玻璃幕墙由1098块玻璃组成，每块均呈不规则三角形，且大小不同。在曲面上方的顶棚则开了一个椭圆型的“大洞”。这就是南图新馆标志性的“中空弧形”模块设计。从整体上看，新馆的主立面给人一种“智慧洞开”之感，使人精神振奋。大楼立面外设有花坛，鲜花、翠竹衬出新馆的浓郁书香。

南京总统府（太平天国天王府）

在南京市长江路上，有一片略显低矮的建筑群，在周围各种现代化的高楼大厦中间，并不起眼。然而，这里却是中国近现代史上最耀眼的舞台之一：它曾是清朝的两江总督署、太平天国时期的"天朝"宫殿（天王府）、民国时期的总统府。1840 年鸦片战争至 1949 年人民解放军占领南京的 100 多年里，这里多次成为中国政治军事的中枢、重大事件的策源地，南京总统府（太平天国天王府）也因此成为中国最大的近代史博物馆。

目前，南京总统府（太平天国天王府）总占地面积约为 9 万平方米，共分三个区域：中区（中轴线）主要是国民政府、总统府及所属机构；西区是孙中山的临时大总统办公室、秘书处和西花园、参谋本部等；东区主要是国民政府行政院旧址、马厩和东花园。

总统府大堂为中式建筑，抱厦五间，面阔七间，硬山顶单层双檐，与二堂以穿堂相连，呈"工"字形。太平天国天王府时期，这里是金龙殿，又称荣光大殿，相传洪秀全病逝后即葬于此。清兵攻占天京后，大殿被毁，于同治九年（公元 1870 年）在原址上重建两江总督署大堂。1927 年南京国民政府成立后，这里成为国民政府的大堂。1929 年，当局对国民政府大院进行改建时，将孙中山手书的"天下为公”匾额挂于大堂正中横梁上。

二堂是清代晚期建筑，原为太平天国的内宫，两江总督署时期改为二堂。民国年间，这里是举行各种礼仪活动的场所。民国时期二堂曾多次改建，内部保持了中式风格，如八根粗壮的红色圆柱、重檐翘角的屋顶等，北门外却是西式门廊。

总统府建筑群中轴线北端的“子超楼”是总统府的主要建筑。这幢楼在国民政府主席林森任上所建，林森字子超，且任国民政府主席时间最长，所以人们习惯将这幢办公楼称为“子超楼”。该楼于1934年初动工，至1935年12月竣工，耗资十万银元。最初规划为文书局办公楼，后改为国民政府主席及官员们的办公楼。子超楼的设计者虞炳烈是中国著名建筑师，毕业于法国里昂建筑专科学校，曾任中央大学建筑系主任，南京国民大会堂也是他的作品之一。子超楼是典型的现代公共行政建筑，整体采用钢筋混凝土浇制，外墙各面使用了不同的建筑材料：南立面凸出部分贴有少量的浅褐色耐火砖片，其余三面则是水刷石粉面。整座建筑主体五层，局部六层，中间高、两边低，呈完全对称型，造型简洁明快，色调和谐，庄重大方，与周围的中西建筑浑然一体。

子超楼前，有一幢二层红瓦歇山顶仿欧式建筑，建于20世纪20年代中期，砖木结构，最早是当时江苏督军孙传芳的督军公署办公楼。子超楼建成前，这里是总统府最好的建筑，蒋介石、林森、陈布雷等国民党重要人物都曾在这里办公过。

煦园初建于明朝初年，原为汉王府花园，以汉王朱高煦名中的“煦”字而得名。清朝时成为两江总督署花园。因花园位于宫殿西侧，又称“西花园”，与东花园相对称。太平天国建天朝宫殿时予以扩建，清军破城时被毁，曾国藩予以重建。煦园是典型的江南园林，有诸多富有特色的建筑，如石舫、夕佳楼、忘飞阁、漪澜阁、印心石屋等。

孙中山起居室建于1909年，小青瓦木结构硬山顶，是两层中式建筑。此楼原为清朝两江总督署高级幕僚的住所，1912年1月至4月，孙中山担任中华民国临时大总统期间在此居住。楼上是卧室和办公室，楼下是会客室和餐厅，另有侍卫室和厨房。

临时大总统办公室是一幢黄色西洋式平房，建筑风格为典型的仿意大利文艺复兴式样。19世纪末20世纪初期，西方文化开始影响中国，南京的一些建筑受西方折衷主义建筑思潮影响，都争相效仿西方建筑形式，并以此为荣。当时的两江总督瑞芳曾出洋考察过，在他任两江总督期间，在总督署内建了一座仿文艺复兴时期的建筑，即总督署花厅，因位置在总督署的西面，故又称西花厅。这是两江总督署的第一幢西式建筑。整幢建筑坐北朝南，七开间。1912年1月以后成为中华民国临时大总统办公室。

总统府门楼的原址，为清两江总督署头门，太平天国时改建成天朝宫殿的“真神荣光门”，又称“皇天门”或“凤门”。1864 年清兵攻破天京后将此门拆毁，重建两江总督署大门。当时的大门为青砖、小瓦、木结构，十来米深的门厅，中间有一扇木门可供人出入，门两边竖立一人多高的木栅栏。在木门与大堂之间的空地上，又有一道隔墙和二门。国民政府成立后，于 1929 年将旧门楼拆除，新建了西方古典门廊式门楼。新建的门楼是砖石结构水泥面层，正面有三个圆门，八根抱柱；门楼上下三层，是典型的巴洛克风格。门楼两边的房间里有楼梯可上，第二层是参军处职员宿舍，门楼背面朝北方向开有窗户；第三层只有正中一小间房间，作为升旗预备室，房间东西两边是二层顶部的水泥平台；有水泥扶梯可登旗杆座。门楼正面原有水泥塑制、表面贴金的“国民政府”四个字，系当时的行政院长谭延闿所书。1948 年蒋介石当选为总统后，将四字铲掉，换上监察院副院长周钟岳写的“总统府”三个字。1949 年 4 月 23 日，解放军将红旗插上总统府的门楼，从此，揭开了中国历史新的一页。

南通博物苑

位于南通市濠河之滨的南通博物苑，是晚清状元、民族实业家张謇于清光绪三十年（公元 1905 年）创办的中国最早的博物馆。光绪三十一年（公元 1906 年），张謇又将兴建中的公共植物园规划为博物苑，最初博物苑占地 23 300 平方米，后扩大为 71 800 平方米，包括中馆、南馆、北馆和东馆。

中馆建于 1906 年，是南通博物苑最早的建筑，始称测候所，原为三间中式平房，屋顶中央设露天平台，放置气象仪器，是南通最早的以现代科学方法观测气象的建筑设施。后测候所迁走，加盖两层尖顶小楼，改称中馆，用以陈列金石。中馆门口有张謇先生亲笔题写的匾额，现已成为南通博物苑的标志性建筑。

南馆原称“博物楼”，建于 1906 年，是一座西洋式的两层楼房，平面凸字形，为博物苑早期建筑之一，也是我国最早的博物馆展览厅。当年主要用以陈列文物、标本。二楼月台悬挂的对联是张謇先生的手迹。

北馆建于 1911 年，位于博物苑最北部，濒临濠河，外墙紧靠濠南路，是一座中西合璧的五开间两层楼房，当年楼下陈列化石、鲸骨架，楼上陈列名人字画、金石拓本。

东馆建于 1914 年，又称苑事室，为一座中式楼房，这里是当年博物苑的办公室和接待室。南面原有东西向的苑门，向东有长堤通往我国最早的师范学校——通州师范。现长堤北移并改建五孔怡桥。

在创办博物苑的规划、建设过程中，张謇以其对博物馆职能的深切理解，创造性地将中国古代苑囿艺术和西方近代博物馆理论融会贯通，营建成一种陈列馆舍与园林环境有机结合的形式，使博物馆在中国诞生之时，就体现出浓郁的本土化民族特色。南通博物苑展馆与园林结合，室内陈列与室外展示并重，静止的标本与活生生的动植物相映，既充分体现了张謇"设为庠序学校以教，多识鸟兽草木之名"的办馆宗旨，又很好发挥了博物馆传播历史文化与科学知识的功能；苑内种植树木花草，饲养鸟兽，并有亭榭、假山、荷池等园林建筑，又为人们的学习、休闲，营造出高雅的环境氛围。

1938年3月后，南通博物苑沦为日本侵略军的马厩，惨遭破坏，博物苑的藏品除少量转移它处外，大部分被劫被毁。新中国成立后，南通博物苑才获得新生。1988年，南通博物苑被国务院公布为国家重点文物保护单位。历经百年沧桑，如今的南通博物苑有了新的发展，经过全面规划和建设，作为历史文化保护区的北部，原有的南馆、中馆和北馆等老建筑受到完好的保护，西南部开辟为新展区。2002年1月，南通市委、市政府决定新建一座现代化、多功能、综合性的陈列展览馆。7月，两院院士、清华大学教授吴良镛受聘领衔，北京清华大学吴唯佳教授、北京建筑设计研究院何玉如建筑设计大师等参与，进行南通博物苑总体平面规划和新展馆设计。2005年9月，建筑面积6330平方米，投资达7000多万元的南通博物苑新展馆落成开放。新、老馆舍沿着博物苑原址形成的两条轴线铺开，巧妙地连为一体。这一大手笔的规划、设计、建设，充分考虑了与历史保护区的互为映衬、和谐统一，同时也具有全新风格。整个苑内新老建筑组合和谐，浓郁的文化氛围和优美的园林环境，既彰显历史的典雅，亦洋溢着新时代的光彩。

南通天宁寺

南通天宁禅寺毗邻北濠河，是南通地区仅存的三座隋唐古寺之一。根据明代《万历志》、清代《康熙志》记载，唐朝咸通四年(公元 863 年)，僧人藻焕堂创建了天宁寺，初名为光孝寺。北宋政和年间(公元 1111—1118 年)，天宁寺与原在城西的奉圣寺合并，改称天宁报恩光孝寺。明宣德五年(公元 1430 年)重修，明英宗天顺元年(公元 1457 年)僧人法恩奏请改寺名为现名。

天宁寺在历史上曾有过两次兴盛时期：一是北宋咸淳年间经过修建，寺庙的规模扩大了很多。到了北宋政和年间，经过光孝寺、奉圣寺两寺合并营建后，寺宇更是“殿堂宏丽，楼阁穹崇”，成为“一州之伟观”。后来，宋徽宗赵佶又为天宁寺御笔题写“大雄宝殿”，使其倍增荣耀。但是经过宋元战乱，到了明朝宣德初，天宁寺已是仅存大殿，败落不堪。明朝宣德、正统、万历、天启年间，天宁寺屡次得到兴修重建，明英宗朱祁镇还应天宁寺僧奏请“敕赐天宁寺”，一座寺庙先后两次得到御书圣旨，这是很罕见的殊荣。在通州守御陈谦等人的主持下，先后整修了光孝塔、大殿、山门，兴建了园通殿、轮藏殿、醇零楼等。《万历通州志》中还提到当时的天宁寺内有火神庙、祠山庙、毗卢阁等建筑。此外，惠儒等僧人还重建了禅堂、地藏和弥勒殿等，当时通州名士沈明臣、卢纯学、吴熠、汤有光题下“偶翼毗卢阁，遥堪俯大璃”等佳句，咏颂天宁寺的盛况，天宁寺迎来了第二个兴盛期。天宁寺西侧的火星殿、水神殿(禹王殿)、祖师殿、大意堂等，则为晚清或民国时所建。

南通天宁寺现存主要建筑有山门、天王殿、大雄宝殿、毗庐阁、光孝塔、藏经楼等。虽历经沧桑变迁，今天依然可以看到天宁寺的大体布局：全寺坐北朝南，以山门、金刚殿、大雄宝殿、药师殿为中轴结构，西部为禅堂、僧寮，布局严谨，建筑雄伟。寺西北隅有五级八面、砖木混合结构的光孝塔，建于唐咸通五年（公元 864 年），距今已有千年历史，相传“先有光孝塔，后有南通城”，塔身颀长玲珑，翘楚多姿，为濠河西北一景，是南通的地标性建筑。山门前有照壁一块，门前有石狮一对护持。主体建筑大雄殿为宋代建筑，殿高近 40 米，面阔三间，进深四间，歇山式，明向六根内柱，系用“包镶法”制成的十二瓣瓜楞柱，下有复盆式石杠础，上雕缠枝牡丹花纹，此种建筑目前全国仅有两处。主柱有 20 根，高 18.3 米，为全国少见的宋元遗留下来的木结构古建筑。南通天宁寺现为全国重点文物保护单位。

南通文峰塔

南通市文峰公园北侧有一组别具一格的明清建筑，这里历史上曾经是“五福寺”，现名“文峰塔院”。院内有一座“文峰塔”，为南通三塔之冠 。

文峰塔始建于明万历年四十年(公元 1618 年)，高 39 米，雄立南通城之东南，登高眺远，可俯瞰南通全城，是南通人崇文兴教的文化象征。据《通州新建文峰塔记》碑文记载，文峰塔是为“补山水之形胜，助文风之盛兴”而建。相传，明代兴风水之说，言自淮水以南一马平川，千余里内仅南通有狼五山，此为南通的“官禄宫”。当时凿山取石，构筑新城，营造园林，破坏了“官禄宫”，以致通籍举子屡试不中，通籍官员多被贬斥。于是有人提议，南通城东南地势低洼，润泽文脉，可造塔、桥，必补山水之形胜，助文风之兴盛，文峰塔因此得以兴建。

文峰塔院是先有塔，后建寺院的。因塔建寺，名曰“五福寺”。相传建寺时，曾有五只大蝙蝠出现，巨如车轮。也有传说文峰塔上曾有五只红蝙蝠做窠，所以定名为五福寺。五福寺早已废毁，而文峰塔却几经修复而保留。2005 年，南通市政府专门拨款 100 多万元，对文峰塔这一明代文物进行大规模维修，再现文峰塔雄姿。

现塔为白墙红柱，仿楼阁式。砖木结构，五级六角，每级均有小室，每面一门两窗，内设扶梯，外有护栏。飞檐翘脊，饰以龙首、仙人、走兽，古朴优美。塔刹细长，高 10.33 米，刹座作覆钵形状，上置承露盘。刹杆穿以七重相轮，顶由仰月、园光、宝瓶构成，并用铁索与塔顶相连，使宝塔显得庄重华丽，挺拔高耸。文峰塔现为南通市级文物保护单位。

普哈丁墓园

始建于南宋末年的普哈丁墓园，位于扬州市东部运河解放桥畔，民间称为“回回堂”。墓主普哈丁，相传为伊斯兰教创始人穆罕默德十六世孙，于南宋咸淳年间（公元1265—1274年）来扬州传教，曾参与营建礼拜寺（即仙鹤寺）。普哈丁后去山东传教，从山东济南返回扬州时病故于途中，临终嘱葬扬州，即今墓园。明永乐皇帝视此墓园为国宝，曾下诏予以保护。清政府对墓园也进行了多次维修，遂有今日之规模。

普哈丁墓园是一处重要的伊斯兰教文化遗迹。墓园坐东朝西，共占地1.8公顷，分为墓域、清真寺和东郊公园三部分，进门南侧的清真寺为清代中叶所建，内有礼拜堂、水房。墓园是极富异国情调的阿拉伯式建筑。墓亭有700多年历史，平面呈方形，面积约14平方米，高3.5米，四角攒尖式筒瓦顶，内为圆拱顶。四面各辟拱门，墓在墓亭中央地上，由青砖垒成五级矩形墓塔，三层四周刻有《可兰经》部分经文。墓园内还有南宋景炎年间（公元1276—1277年）、明成化年间（公元1465—1487年）以及弘治年间（公元1488—1505年）所葬其他阿拉伯人的墓亭。此外，墓园中还有一座阿拉伯人墓碑亭，系1984年新修，形制同普哈丁墓亭，亭内白矾石底座上陈列有四通八面元代阿拉伯人墓碑及碑座，碑文分别用中文、阿拉伯文、波斯文刻成，以阿拉伯文为主体。墓域西边的院落和南门亭以南的院落，葬有明清以来中国伊斯兰教阿訇和虔诚的穆斯林的墓葬共29座。

瞿秋白纪念馆

位于常州市的瞿秋白纪念馆，由瞿秋白故居和 1999 年兴建的纪念馆组成。其中瞿氏故居原是瞿秋白的叔祖父瞿赓甫于清光绪年间任湖北布政使时捐款建成的瞿氏宗祠，瞿秋白家因贫困所迫，1912 年至 1916 年曾在祠堂东院居住。

这是一座粉墙黛瓦的清末江南民居，坐北朝南，长檐耸脊，敞亮天井，马蹄山墙，占地面积 2282 平方米。黑漆大门两边，各立抱鼓石一尊，上刻三狮戏球的浮雕。垂檐下挂着由著名文学家茅盾题写的“瞿秋白同志故居”横匾。故居分东西两院，各分四进，地势逐进抬高，寓含步步高升之意。中列隔墙，有廊道门扇相互联通。西院为正屋，原为供祭用的厅堂，庄严而神秘，现辟为多功能厅。东院为厢房，是当年族人和守祠仆人食宿休息的辅屋。

步入祠堂第二进，在“我是江南第一燕，为衔春色上云梢”的屏风前面，树立着古铜色的瞿秋白像，身姿矫健，神采奕奕，展现了青年儒雅、书生味正浓的革命家风采。绕过屏风，第三进便是祠堂的主厅。当年瞿氏族人春祭秋祀或治丧供灵，就是在这个厅堂里进行的。厅堂两厢门额上分别题刻着“习规”、“折矩”，训诫族人要学习家法，遵守族规。

瞿秋白居住过的东院第四进，以屏门隔开，大房间是瞿秋白弟妹的卧室，小房间是瞿秋白的卧室兼书房。连结三进、四进的“穿堂”，是瞿秋白和父亲的画室。第三进的大房间，一半是秋白父母的卧室，一半用作客厅。客厅外是一个小小的天井，四周建有回廊，天井中有一眼石栏古井，极具江南特色。

瞿秋白纪念馆是1999年瞿秋白诞辰100周年之际，由常州市委、市政府拨款兴建的一座仿明清建筑风格的小楼。门额上横书的馆名“瞿秋白同志纪念馆”是邓小平同志1985年亲笔题写的。瞿秋白纪念馆是目前常州地区唯一的一家中国重点文物保护单位的人物类纪念馆，也是中国唯一全面收藏、陈列、展示瞿秋白同志业绩、研究瞿秋白思想、弘扬瞿秋白精神的专业馆。瞿秋白纪念馆和瞿秋白故居合为一体，是进行革命传统教育的重要基地，已成为全国瞿秋白的纪念中心、资料中心和研究中心。

栖霞寺

南京市东郊有一座千年古寺——栖霞寺，它始建于南齐永明年间(公元483—493年)，隋唐时期，曾与山东临清灵岩寺、湖北江陵玉泉寺、浙江天台国清寺并称为“天下四大丛林”。栖霞寺伫立在滨临长江的栖霞山上，由于栖霞山地势险要，自古为兵家必争之地，栖霞寺屡次在战乱中遭到损毁。每一次被战火毁坏后，栖霞寺的僧人都锲而不舍地在寺庙的废墟上进行艰难的重建工作。如清代咸丰年间寺庙被毁后，光绪三十四年(公元1904年)，当时的栖霞寺住持僧宗仰、若舜相继对寺庙进行了修复，栖霞寺现存的山门、天王殿、毗卢殿、藏经楼、摄翠楼等，大部分是此时募化重建。

目前，栖霞寺占地面积约40亩，寺前是开阔的绿色草坪和波平如镜的明镜湖、形如弯月的白莲池。寺前左侧有“明徽君碑”一方，是唐朝初年为纪念寺庙创始人明僧绍谢绝征他为国子监博士而立。碑阴有“栖霞”二字，据说是唐高宗李治亲笔所题。这块古碑是江苏目前仅存的三块唐碑之一。寺内主要建筑依山而建，有山门、弥勒佛殿、毗卢殿、法堂、念佛堂、藏经楼、玉佛楼、过海大师纪念堂、舍利石塔等，格局严整美观。

在毗卢殿的东南方有一座舍利塔，这是江苏现存最古老的石塔，始建于隋文帝仁寿元年(公元601年)，后毁于战火，南唐时期重建。塔身五级八面，全部用白石砌成，高约18米。塔基四面有石雕栏杆，基座之上为须弥座，八面刻有释迦牟尼佛的浮雕“八相成道图”。须弥座之上为第一级塔身，其八角皆有倚柱，塔身刻有文殊、普贤菩萨及四大天王像等浮雕。五层檐由下至上逐层收入，塔身亦有收分。檐下斜面上还雕刻飞天、乐天、供养天人等像，与敦煌五代石窟的飞天相似。塔顶刹柱呈莲花形。整个舍利塔造型精美，是隋唐时期江南石雕艺术的代表作。

栖霞寺的主要建筑群后面，还有一处“千佛岩”。千佛岩上共有 294 个石窟，每窟所刻佛像不等，共有 515 尊，号称“千佛”。千佛岩开凿于南北朝时期，是珍贵的佛教文化遗产，有“江南云冈”之称。

清江大闸

位于江苏省淮安市里运河上的清江大闸，是我国运河史上极为罕见的一大工程建筑，始建于明朝永乐年间（公元1403—1424年），距今已有600年的历史，是目前京杭大运河上至今唯一保存良好且在使用的大闸。

宋朝时，江淮转运使乔维岳为了漕运的方便，开辟从末口到泗口（泗水入淮口，又称清泗口，在今淮安市淮阴区境内）的沙河，又名乌沙河。明朝永乐十三年（公元1415年），漕运总督陈瑄重新疏浚沙河，更名为清江浦，并在清江浦上建了新庄、福兴、清江、移风四道闸，以控制桀骜不驯的水流。据记载："清江闸，捷石畚土为楔，横板二丈有奇。工曹司其启闭，闭则下钥，启则怒流。"清江大闸经清代康熙、雍正、乾隆、嘉庆、道光各朝重修加固，最后闸口放宽至7米。现存的清江大闸由正闸和越闸（副闸）组成，正闸由黑麻石（玄武岩）长方条石和煮熟的糯米浆拌石灰做黏合剂砌成，越闸在正闸右前方，建造时间比正闸晚且闸身矮、闸门略窄。正闸的前后均有闸塘，迎水的上水闸塘小，出水的下水闸塘大。清江大闸的正闸和越闸都是双闸门，双闸槽至今还完整地保留在闸墙上。从一张清江大闸老照片可以看到，清江大闸上两边各有三根与闸身成一体且相向斜着的长方形粗石桩，这是用来装辘轳吊闸门的。现已不存。在大闸西边的两旁闸墙上，至今还留着多年来被"绞关"的钢丝缆和"掂船"的缆绳捋出来的多道深深的凹痕。

新中国成立后，对清江大闸进行了重建，旧时大闸通体为木结构，且很窄，重建后为钢筋水泥结构，宽度加倍，且美观得多。现在清江大闸是全国重点文物保护单位。2009 年 9 月 26 日，国家邮政局发行一套《京杭大运河》特种邮票六枚，当中第四枚就是位于江苏淮安的清江大闸。

清名桥

位于无锡市南门外古运河与伯渎港交汇处的清名桥，造型匀称，稳固雄伟，有着悠久历史，是无锡古运河上著名的景点。

清名桥始建于明万历年间，原名为“清宁桥”，由无锡寄畅园主人秦燿的两个儿子捐资建造。因兄弟俩名为太清、太宁，因此各取一字，合称清宁桥。清康熙八年（公元 1666 年），无锡县令吴兴祚对清宁桥进行了重建。道光皇帝登基后，因其名为“旻宁”，故清宁桥为避讳而改名为清名桥。

清名桥为单孔石拱桥，桥长 43.2 米，宽 5.5 米，高 8.5 米，桥孔跨度 13.1 米，全系花岗岩堆砌而成。因两岸地势高低关系，东西石级不等，东有石级 46 级，西有 43 级。拱圈为江南常见的分节平列式，共 11 节。圈洞两面的圈石上各有题刻，一立于清咸丰年间，介绍桥梁和更改桥名经过；一立于同治年间，介绍重建清名桥的始末。桥栏上没有雕饰，每侧立两个望柱，显得十分古朴。1983 年在桥东西侧发现清代石碑两方，一方立于乾隆三十一年（公元 1766 年），另一方立于同治九年（公元 1870 年）。1986 年 3 月，日本著名作曲家中山大三郎来无锡游览了清名桥，回国后创作了歌曲《清名桥》，扩大了清名桥在日本乃至世界上的影响。同年，清名桥被列为无锡市市级文物保护单位。

清晏园

始建于清康熙年间(公元1661—1722年)的淮安市清晏园，是淮安市唯一保护完好的古典园林，也是中国漕运史上唯一保留下来的官宦园林。清晏园最早是清代河道总督靳辅于康熙十七年(公元1678年)驻节清江浦时，在明户部分司公署旧址上所建的“行馆”。雍正七年(公元1729年)奏建江南河道总督署，大修园林。乾隆十五年(公元1750年)，当时的河道总督高斌为迎接乾隆皇帝南巡，于园内荷池北侧兴建“荷芳书院”。乾隆三十年(公元1765年)河督李宏于荷池中兴建“湛亭”。道光十三年(公元1833年)河督麟应莅任，在任11年，对清晏园进行了精心整修，这是清晏园的鼎盛时期。

清末直至民国，清晏园几易其名，园景也多有改变。中华人民共和国建国初，清晏园面积不足今日之半。政府对这一古典园林进行了精心修复，开初用以工代赈之法，挖去古衙署屋基砖石，平整为广场，搬迁园内住户，收入西关帝庙，扩入路家花园，收回荷芳书院，先后搬迁市体育场、文化馆、少年宫，让出部分园址给清江影院，园林面积由原来的1.3公顷扩大到8公顷。1983年8月，按照“刚柔相济，具有南方之神秀和北方之雄奇”的淮扬园林艺术特色，规划设计恢复古园旧貌。先后修复荷芳书院、荷风亭，增设淮香堂，移建文昌阁(今称荷望阁)，恢复紫藤花馆(今称蕉吟馆)和恬波楼(今称思润轩)，构成南北(荷芳书院—荷风亭—荷望阁)，东西(蕉吟馆—荷风亭、思润轩)两条观景轴线,统领全园,形成山水小院、梅岭春晓、涟漪别墅、黄石深秋(含蔷薇园)、荷芳书院、叶园秋唧(含关帝庙)六个景区,以及淮香堂前西南侧十多米高的黄石假山,刚进园门处的序园的汉阙式园门。其中荷芳书院是清晏园内最具有特色的建筑,清晏园屡经变故早已面目全非,只有荷芳书院勉强保持原貌。苏皖边区政府时期,荷芳书院曾辟为新华图书馆,后因纪念"四・八"遇难烈士,又易名为博古图书馆,重新翻修后复名为"荷芳书院",门侧楹联仍为旧句"名园别有天地,老树不知岁时"。荷芳书院周围是当年河督游憩之所,建有碑亭和碑廊,从碑文中可以了解到治水的艰辛和漕运的情况,是一组不可多得的水利史料和历史文物。

重修后的清晏园,亭、台、楼、阁、假山错落有致,曲径、长廊、流水循环往复,四季花繁木盛,秀丽典雅,集北方的开阔与南方的玲珑于一身,是苏北地区最有代表性的古典园林。原中顾委委员江渭清和南京大学校长匡亚明游园后,曾留下"不似江南园,胜似江南秀"的题辞。

瑞光塔

瑞光塔即瑞光寺塔，是位于苏州城西南盘门内的一座宋代古塔，也是江苏最老的古塔之一。瑞光塔始建于公元247年(东吴孙权赤乌十年)。据志书记载，三国吴赤乌四年(公元241年)，西域康居国僧人性康来到苏州，吴主孙权为他创建了普济禅院。赤乌十年(公元247年)，孙权为报母恩，又于普济禅院中建了一座13层舍利塔。五代后晋天福二年(公元937年)对宝塔进行了重修，并敕赐一枚铜牌置于塔顶。此塔后来屡毁屡建，根据在塔内发现的宝幢木函、佛经、石佛、石础、塔砖等文物上的纪年文字，与塔的平面、结构、外观综合考证，现存的瑞光塔系北宋景德元年(公元1004年)至天圣八年(公元1030年)所建，当时塔高约43米，有七层，呈八边形。相传塔上常常放五色祥光，故名为“瑞光塔”。南宋淳熙，明洪武、永乐、天顺、嘉靖、崇祯，以及清康熙、乾隆、道光年间瑞光塔都曾修葺。同治十一年(公元1872年)又加以维修，当时塔有九层。

现存瑞光寺塔为七级八面砖木结构楼阁式，塔身由外壁、回廊和塔心三部分构成，外壁以砖木斗拱挑出木构腰檐和平座。每面以柱划分为三间，当心间辟壶门或隐出直棂窗。底层四面辟门，第二、三两层八面辟门，第四至七层则上下交错四面置门。内外转角处均砌出圆形带卷刹的倚柱，柱头承阑额，上施斗拱。全塔腰檐、平座、副阶、内壁面、塔心柱以及藻井、门道、佛龛诸处，共有各种木、砖斗拱 380 余朵。修复后全塔通高约 53.6 米，底层外壁对边 11.2 米。层高逐层递减，面积也相应收敛，外轮廓微呈曲线，显得清秀柔和。

瑞光寺塔建造精巧，造型优美，用材讲究，宝藏丰富，是宋代南方砖木混合结构楼阁式仿木塔比较成熟的代表作，也是研究此类古塔演变发展及建筑技术的重要实例。此塔砖砌塔身基本上是宋代原构，第六、七两层及塔顶木构架虽为后代重修，但其群柱框架结构在现存古塔中并不多见。第三层为全塔的核心部位，砌有枋式塔心基座，抹角及瓜棱形倚柱、额枋、壁龛、壶门等处还有“七朱八白”、“折枝花”等红白两色宋代粉彩壁塑残迹。1978 年发现秘藏珍贵文物的暗窟——“天宫”也在该层塔心内。底层塔心的“永定柱”作法，在现存古建筑中尚属罕见，为研究宋“营造法式”提供了实物依据。

狮子林

位于苏州市东北角的狮子林，是苏州四大名园之一。它的前身是元代至正二年（公元 1342 年）高僧天如禅师惟则的弟子为奉养其师所造的“狮子林寺”，后易名“普提正宗寺”、“圣恩寺”。狮子林原为菩提正宗寺的后花园，是元代园林的代表。

天如禅师谢世后，弟子散去，园林也逐渐荒芜。明洪武六年（公元 1373 年），大书画家倪瓒（号云林）途经苏州，曾参与重建狮子林，并绘有《狮子林图》，使狮子林名声大振，此后成为佛家讲经说法和文人赋诗作画之胜地。清乾隆初，狮子林被衡州知府黄兴祖买下，更名为涉园，因园内有五棵松树，故又称五松园。公元 1703 年，康熙巡幸于此，赐额“狮林寺”。后乾隆曾六次游幸狮子林，先后赐“镜智圆照”、“画禅寺”、“真趣”等匾额。清光绪年间，黄氏家道衰败，狮子林也渐趋荒废，1917 年为颜料买办商人贝润生以 80 万银元购得。他用了将近七年的时间对此园进行整修、扩建，仍名狮子林。解放后，贝氏后人将狮子林捐献给国家，苏州园林管理处接管整修后，于 1954 年对公众开放。

现今狮子林占地 1.1 公顷，开放面积 0.88 公顷，平面呈东西稍宽的长方形。全园以中部的水池为中心，叠山造屋，移花栽木，架桥设亭，使得布局紧凑，富有“咫尺山林”意境。园内东南地势较高，西北低洼多水，四周环绕高墙，园中假山遍布，楼宇之间联以长廊，移步换景，曲折迷离。由于狮子林在历史上几经兴衰变化，寺、园、宅分而又合，传统造园手法与佛教思想相互融合，而近代贝氏家族又把西洋造园手法和家祠引入园中，使其成为融禅宗之理、园林之乐于一体的寺庙园林。

狮子林的建筑可分祠堂、住宅与庭园三部分，古建筑大都保留了元代风格。现园子的入口原是贝氏宗祠，有硬山厅堂二进，檐高厅深，光线暗淡，气氛肃穆。住宅区以燕誉堂为代表。燕誉堂是全园的主厅，高敞宏丽，结构精美，是典型的鸳鸯厅形式。堂后是小方厅，为歇山式，厅内东西两侧空窗与窗外腊梅、南天竹、石峰共同构成“寒梅图”和“竹石图”，犹如无言小诗，点活了小小方厅。狮子林的漏花窗形式多样，做工精巧，尤以九狮峰后“琴”、“棋”、“书”、“画”四樘和指柏轩周围墙上以自然花卉为题材的泥塑式漏花窗为上品。九狮峰院以九狮峰为主景，东西各设开敞与封闭的两个半亭，互相对比，交错而出，突出石峰。再往北又有一小院，有黄杨花台一座，曲廊一段，幽静淡雅。这种通过院落层层引入，步步展开的手法，使空间变化丰富，景深扩大，为主花园起到绝好的铺垫作用。主花园内荷花厅、真趣亭傍水而筑，木窗雕刻精美。石舫是混凝土结构，但形态小巧，体量适宜。暗香疏影楼上的走廊可达假山，设计颇具匠心。飞瀑亭、问梅阁、立雪堂则与瀑布、寒梅、修竹相互呼应，点题喻意，回味无穷。扇亭、文天祥碑亭、御碑亭由一长廊贯串，打破了南墙的平直、高峻感。

狮子林既有苏州古典园林的亭、台、楼、阁、厅、堂、轩、廊等建筑景观，更以深邃、奇巧、迷阵一般的假山群闻名于世，素有“假山王国”之美誉。北京圆明园、承德避暑山庄中各有一处仿苏州狮子林而建的景观。2006 年，作为元代古建筑，狮子林被国务院批准列入第六批全国重点文物保护单位名单。

史公祠

为纪念明末抗清英雄史可法而建的史公祠，位于扬州市梅花岭畔。清顺治二年（公元 1645 年）四月，清军进攻扬州，南明兵部尚书兼东阁大学士史可法率军民英勇抗击清军，后城破在扬州就义。史可法的嗣子、副将史德威寻遗体不得，乃葬其衣冠于梅花岭下。清朝初年，为表彰忠臣，曾为史可法建祠于扬州市大东门外，后毁圮。乾隆年间于墓西侧建祠，并谥“忠正”。咸丰间毁于兵燹，同治九年（公元 1870 年）重建。1935 年和 1948 年两度维修。现存建筑除遗墨厅、梅花仙馆外，大部为晚清所建。1949 年后曾多次修缮，现为“史可法纪念馆”，仍习称“史公祠”。

史公祠大门临河，东墓西祠，并列通连。院正中为“飨堂”，堂前两边悬清张尔荩所撰名联：“数点梅花亡国泪，二分明月故臣心。”堂内明间有云纹形梅花罩格，上悬“气壮山河”横匾。两边悬有清道光二十八年（公元 1848 年）吴熙载篆书的楹联：“生有自来文信国，死而后已武乡侯。”堂正中供奉 1985 年为纪念史可法殉难 340 周年而塑的史可法干漆夹纻像。

飨堂后为史可法衣冠墓，墓前有一座砖砌牌坊，上额“史忠正公墓”，与三面围墙形成墓域。墓地内银杏蔚秀，腊梅交柯，正中树立石墓碑，上镌“明督师兵部尚书兼东阁大学士史可法之墓”。碑后墓台上有墓冢，封土高 1.6 米。“文化大革命”中墓冢曾被夷平，1979 年修复。墓后为梅花岭，岭上遍植梅花。

岭北为遗墨厅，厅内壁上嵌有史可法“复睿亲王多尔衮书”和遗书、小像及其墨迹石刻共八方，并陈列有史公手迹和拓片。厅前腊梅已有 200 多年的树龄，是扬州最古的腊梅。墓西侧为祠堂，大门和墓门并列，形式结构相同，上额“史公祠”，正中为祠宇三楹，匾额“祠堂”。史公祠现为江苏省文物保护单位。

瘦西湖五亭桥

扬州瘦西湖上的五亭桥，古称“莲花桥”，以建于莲花堤上且形状像一朵盛开的莲花而得名。五亭桥是清乾隆二十二年（公元1757年）巡盐御史高恒为了迎接乾隆南巡，特雇能工巧匠仿北京北海的五龙亭和十七孔桥而设计建造的。因桥上建亭，故又名五亭桥。

如果把瘦西湖比做一个婀娜多姿的少女，那么五亭桥就是少女身上那条华美的腰带，其上为亭，其下为桥，亭桥结合，造型典雅，黄瓦朱柱，下列四翼，配以白色栏杆，亭内彩绘藻井，富丽堂皇。五亭桥不但是瘦西湖的标志，也是扬州城的象征。五亭桥以其十五个桥洞各衔一月有名，桥之正侧的十五个桥洞彼此相通，每当皓月当空，各洞衔月，金色荡漾，众月争辉，倒挂湖中，不可捉摸。清人黄惺庵曾赞：“扬州好，高跨五亭桥，面面清波涵月镜，头头空洞过云桡，夜听玉人箫。”

瘦西湖在全国园林中独树一帜，五亭桥又是瘦西湖的标志。其最大的特点是阴柔阳刚的完美结合，南秀北雄的有机融和。据说，乾隆南巡到此曾感叹它像琼岛春阴之景，这就点出了该桥是借鉴北京北海之景。确实，五亭桥受北海五龙亭的影响很深，五龙亭五亭临水而建，龙泽、涌瑞、浮翠、澄祥、滋香五亭都铺设绿琉璃瓦顶，亭与亭之间有石梁相连，婉转若游龙，另龙泽、滋香、浮翠三亭有单孔石桥与石岸相接，珠栏画栋，照耀涟漪。扬州五亭桥无北海开阔水面，当然无法把五龙亭照搬。但聪明的工匠别出蹊径，将亭、桥结合，形成亭桥，分开来是五座挺拔秀丽、极富南方特色的风亭，但又群聚于一桥，亭与亭之间以短廊相接，形成和谐的整体。

桥亭秀，桥基雄，两者配置和谐的关键是把桥基建得纤巧，与桥亭比例适当。造桥者把五亭桥的桥身建成拱券形，由三种不同的券洞联系，桥孔共有十五个，中心桥孔最大，跨度为 7.13 米，呈大的半圆形，直贯东西，旁边十二桥孔布置在桥础三面，可通南北，亦呈小的半圆形，桥阶洞则为扇形，可通东西。正面望去，连同倒影，形成五孔，大小不一，形状各殊，这样就在厚重的桥基上，安排了空灵的拱券，在直线的拼缝转角中安置了曲线的桥洞，与桥亭自然就配置和谐了。如果说桥基是北方威武的勇士，那么桥亭就是南方秀美的少女，这是力与美的结合，壮与秀的和谐。中国著名桥梁专家茅以升曾评价：中国最古老的桥是赵州桥，最壮美的桥是芦沟桥，而最具艺术美的桥，当数扬州的五亭桥。

水绘园

水绘园位于如皋县城东北隅，始建于明朝万历年间（公元1573—1620年），原是如皋人冒一贯的制业，其四世孙冒襄隐居于此。冒襄（公元1611—1693年）字辟疆，号巢民，是明末四公子之一，复社著名文人。明亡后，冒辟疆拒绝在清朝做官，与旧日秦淮八艳之一的董小宛隐居如皋，将祖上旧园重新整饰，请江南园林圣手许萌松任总设计师，在园中构筑“妙隐香林”、“壹默斋”、“ 枕烟亭”、“寒碧堂”、“洗钵池”、“小语溪”、“鹤屿”、“小三吾”、“波烟玉亭”、“湘中阁”、“涩浪坡”、“镜阁”、“碧落庐”等十余处佳境，并将园名改为“水绘庵”。

清初名士陈维崧在《水绘园记》中写道：“绘者，会也，南北东西皆水绘其中，林峦葩卉块扎掩映，若绘画然。”冒辟疆营造的水绘园不设围墙，而是环以碧水，园中凭借水流于地面，自然地形成了一幅优美的画图。这里，有画堤的两岸夹镜，涪溪的窈窕，香林的妙隐，似镜浮的茅亭，洗钵池的空明和屿地的不羁，水中倒映着冬季的“碧落”，早春的“寒碧”，夏日的“悬露 ”，爽秋的“泼烟玉”，更有那迟疑的涩浪坡和怡淡的枕烟亭。园中以洗钵池为中心，池水四方分流，把园分为数块。再加上水中洲，在其回环的水道上，疏疏落落地建有一堂、一房、一斋、一庐、二阁、三亭，剩下来的就全是水景了，这正好点出了地处长江三角洲水网平原上的造园特色。

冒辟疆晚年落魄，水绘园也渐渐衰败。清朝乾隆二十三年（公元 1758 年），盐运副使汪之珩感慨名园之荒废，于水绘园洗钵池畔筑楼。楼成之后，他夜间登楼赏景，见月光倒映于洗钵池水面，不禁想起唐代诗人杜甫的名句："残夜水明楼"，遂定名为"水明楼"，意在凭吊一代才子冒辟疆，缅怀故园。水明楼南北长约 42 米，宽不超过 5 米，由南而北，依次构筑有前轩、中轩和楼阁。楼宇之间以九曲之弯的回廊相衔。信步入内，使人有咫尺之间境界无穷之感。前轩内悬冒辟疆与董小宛的画像，中轩部分凭借隔景窗，巧妙地分隔成内室、内道与外廊三个空间。透过临池漏窗和花墙，碧波柳荫尽收眼底，令人心旷神怡。我国著名建筑学家陈从周教授曾对此赞叹不已，说："此一区建筑之妙，实为海内孤例。" 2001 年 1 月 25 日，水绘园作为清代古建筑，被国务院批准列入第五批全国重点文物保护单位名单。现在经过修复的水绘园，主要包括雨秀庵、水明楼、人民公园三部分，园内辟有冒辟疆和董小宛纪念室。

苏州博物馆新馆

位于苏州市东北街的苏州博物馆，创建于1960年，2006年10月建成新馆，设计者为著名的建筑设计大师贝聿铭。这座投资达3.39亿元的新馆，总建筑面积达26 500平方米，地面以一层为主，主体建筑檐口高度控制在6米之内；中央大厅和西部展厅安排了局部二层，高度16米。

在整体布局上，新馆巧妙地借助水面，与紧邻的拙政园、太平天国忠王府融会贯通，成为传统苏州建筑风格的延伸。然而，新馆的庭院在造景设计上又摆脱了传统的风景园林设计思路。如新馆的主色调虽是传统的白色粉墙，但设计者摈弃了那些千篇一律的灰色小青瓦坡顶和窗框，改用灰色花岗岩，从而取得了更好的统一色彩和纹理。博物馆屋顶设计的灵感来源于苏州传统的坡顶景观——飞檐翘角与细致入微的建筑细部，但新的屋顶已被重新诠释，并演变成一种新的几何效果。玻璃屋顶与石屋顶相互映衬，金属遮阳片和怀旧的木作构架在玻璃屋顶之下被广泛使用，自然光能够进入活动区域和博物馆的展区，使参观者不觉压抑。

整体来看，新馆建筑群坐北朝南，被分成三大块：中央部分为入口、中央大厅和主庭院；西部为博物馆主展区；东部为次展区和行政办公区。这种以中轴线对称的东、中、西三路布局，和东侧的忠王府格局相互映衬，十分和谐。“修旧如旧”的忠王府古建筑作为苏州博物馆新馆的一个组成部分，与新馆建筑珠联璧合。原有拙政园的建筑环境与新馆既浑然一体，又有其本身的独立性，无论空间布局和城市机理都恰到好处，从而使苏州博物馆新馆成为一座集现代化馆舍建筑、古建筑与创新山水园林三位一体的综合性博物馆。

苏州开元寺无梁殿

位于苏州盘门内东大街的开元寺无梁殿，是明代苏州开元寺仅存的一座古建筑。开元寺初名通玄寺，是三国东吴赤乌年间孙权为其乳母陈氏所建。此后，开元寺屡经废兴，明万历年间，曾重修开元寺大殿佛阁，成为吴中名刹。咸丰十年（公元 1860 年）开元寺遭兵火被毁，同治十二年（公元 1873 年）曾稍事重修，但未复旧观。

现存的开元寺无梁殿始建于明万历四十六年（公元 1618 年），原先供奉无量寿佛，故又称无量殿。据《红兰佚乘》记载："藏经阁在城南开元寺。以砖石累成，不用梁柱，俗称无量殿。分三门，曰阿修罗、曰毗奈耶、曰瞿毗昙。"因为全殿都是磨砖嵌缝纵横拱券结构，不用木构梁柱檩椽，故习称"无梁殿"。开元寺无梁殿亦用作藏经阁，它不但造型精美，且依据藏经防火、防潮、防蛀的要求，用苏州金山花岗石和磨细青砖叠砌而成，所以能历劫不毁。

无梁殿坐北朝南，平面长方形，两层楼阁式。面广七间 20.9 米，进深 11.2 米，通高约 19 米。歇山顶及腰檐铺设绿间黄琉璃筒瓦，与清水砖外墙面相映成趣。无梁殿内部为券洞式砖结构，外部门窗、平座、栏杆、柱枋、斗拱等皆砖制。南北立面相同，上下各辟拱门五座，门旁砌出半圆倚柱，上下各六根。东西山墙楼层正中各辟券窗一扇。楼层明间南北拱门上方各嵌汉白玉横额，分刻"敕赐藏经阁”和“普密法藏”。阁内上下层各分为三大间，原先楼上藏经，楼下供佛。梯级砌在东山墙夹层内。楼层四壁镶嵌明代章藻手书《梵网经》和《华严经》石刻。明间不用拱券，改以叠涩收敛至中央，四隅以斗拱承托八角形穹窿砖砌藻井，屋顶坡度不大，但边檐和四角微微向上反翘，给人以稳重而又玲珑之感。

砖券结构殿阁盛于明代，在现存同类建筑中，开元寺无梁殿规模并不算大，但以结构和细部手法精致取胜。如底层倚柱砖雕须弥座，上下檐垂莲柱、雀替、华版、额枋、斗拱，楼层平座栏杆、斗八藻井，殿顶琉璃游龙花卉脊饰等，无不工细精巧。整座殿阁于宏伟庄重中有玲珑华丽之致，反映出明代苏州建筑技艺的高度水平，故有“结构雄杰冠江南”之誉，是明代砖木结构建筑的典型代表之一。

苏州盘门

位于苏州市西南隅的盘门，由水陆两门、瓮城、城楼和两侧城墙组成，是古代著名的军事防御建筑，也是全国现今保存最好的水、陆城门。其中，陆城门至今仍保留有锯齿形雉堞、女墙、射孔、闸口、绞关石、防水孔等。

据古籍记载，苏州城最初是周敬王六年（前 514 年）吴王阖闾命伍子胥所筑春秋吴国都城，盘门即为都城城墙的八门之一，古称蟠门，因门上曾悬有木制蟠龙，以示震慑吴国的主要邻国和宿敌——越国。这是由于吴国在辰位，越国在巳位，作蟠龙镇北，面向越国，有吴国征服越国之意。后来，因其“水陆相半，沿洄屈曲”，改称“盘门”。

盘门自建成后，历代多次改筑，但位置基本未变。现存盘门为元至正十一年（公元 1351 年）修筑，瓮城为至正十六年（公元 1356 年）张士诚增建。明初、清初和晚清都曾进行过修缮。现存的盘门长约 300 米，总体布局和建筑结构基本保持元末明初旧观，其高度仅有 5 米多，厚度却达到了 9 至 15 米，坚实的墙体使盘门得以屹立数百年而不倒。盘门的水陆两门南北交错并列，总平面呈曲尺形。陆城门分内外两重，砖石结构，两门之间设有周长约 20 米的方形瓮城，可藏伏兵。内城门北面左侧有条坡度约为 20 度的城墙跑马道，直抵城墙顶上的一座由巨砖铺成的宽阔平台。在此能看到整个陆门、水门、瓮城面区和结构的全貌。水城门和陆城门紧相毗连，同样分内外两重。内外两道水城门全用花岗石构筑,高大的城门洞可容两船并列而过。水陆城门均设有巨大的闸门,古代用盘车提升或关闭,可控制往来行人与船只,便于城池的防守。

2006 年 5 月,苏州盘门作为元代古建筑,被国务院列入第六批全国重点文物保护单位名单。事实上,盘门古城墙的根基,是春秋时期的夯土;城墙下部泛白的长条砖,是元代遗迹;城墙的中部和上部建筑,则是明清修缮时的产物。历史的年轮清晰而令人神往,悠悠流水映衬着古老的城墙和水城门,又让人感受到水乡的秀丽和岁月的沧桑。

苏州图书馆新馆

始建于 1914 年的苏州市图书馆，是我国创办较早的公共图书馆之一，当时馆址在城南沧浪亭对面的可园。1958 年，苏州图书馆迁至公园路，1972 年与 1982 年两次扩建。1990 年在相王弄建造古籍馆，两地总建筑面积达 6350 平方米。

1998 年，苏州市决定建设图书馆新馆，地址选在人民路原市人大、市政府大院。这里交通便捷，佳木葱茏，闹中取静，院内还有近代园林建筑“天香小筑”，是一处建造园林式图书馆的理想场所。新馆于 1999 年 6 月 18 日奠基，2001 年 6 月竣工后正式对外开放，建设总投资为 1.12 亿元，总建筑面积约为 25 000 平方米。

苏州图书馆新馆的特点是“建筑风格园林化，内部功能现代化”。新馆新建的建筑造型简洁、明快、庄重，楼宇错落有致、布局合理，使原有“天香小筑”的庭园布局与新馆建筑融为一体，具有鲜明的江南韵味和园林风格，与苏州古城整体风貌十分协调。建筑的内部则采用充分体现出现代化图书馆智能化的设施管理系统。

苏州图书馆新馆总体布局分成北、中、南三大区域。北区主楼为文献借阅区。主楼中设有书刊外借、各科阅览、计算机信息中心、科技情报中心、采编中心等。中区有古籍馆和近代园林建筑——“天香小筑”，以古文献阅览和读者休闲、贵宾接待为主；东部沿张思良巷设有古典园林式长廊，内侧碑刻苏州历代名家书画，体现苏州人文荟萃、英才辈出、文化繁荣的概貌；沿人民路一侧长约 60 米的空透式长廊和绿化带与车水马龙的繁华街景相隔离，动静结合，廊内碑刻苏州籍两院院士格言录，是江苏省爱国主义教育基地。南区有 2400 平方米的知识广场，环列学术报告厅、展览厅、社会教育培训中心、少儿馆等。

在新馆的建筑中，尤其值得一提的是“天香小筑”。天香小筑是一处中西合壁式花园别墅，建于 1935 年。目前天香小筑保存较好，基本未失原貌。现有面积 2400 平方米，其中建筑面积 1033 平方米，分住宅和园林两部分。住宅在西部，现存建筑呈“回”字形格局，有大厅(鸳鸯厅)、主楼及东西两厢楼，三幢楼组成“品”字形。主楼面阔三间，各楼上下相互以廊贯通，中为略呈方形的庭院。屋顶为硬山式，覆以绿色琉璃筒瓦，显得富丽堂皇。各楼有“蕴玉”、“凉香”、“真趣”、“涤尘”、“选胜”、“清源”、“正本”等砖刻门额。内部结构均采用传统形式，门窗格扇裙板雕刻花卉、古钱、鸟兽等图案，以及历代文人书法。主楼东侧有一长方形花园，占地约 1000 平方米，园中堆土叠石为山，砌石阶小径，山上建有六角凉亭。偏东设平台，可居高眺望。山周绕以水池，缀以湖石、花径，池北有亭和长廊。旧时园内山石奇形怪状如动物，故称百兽园。天香小筑以苏州传统宅园布局和结构形式为基调，吸收了北方建筑风格，同时又融合了西洋建筑的某些特征，在外观、装饰等方面较为别致协调，成为苏州图书馆新馆的一大亮点。

苏州文庙

位于苏州市人民路的文庙，由北宋名臣范仲淹创建于景祐二年（公元1035年），迄今已有近千年历史。范仲淹改革旧制，首创将官学与祭祀孔子的庙堂合为一体的“左庙右学”新格局，在五代吴越钱氏南园旧地上设学立庙，并聘请当时著名教育家胡瑗为教授。因为办学有方，一时名闻天下，成为各地州、县学效仿的楷模。此后，苏州文庙历经拓建，到明清两代形成了宏大的规模。至清代乾隆年间，文庙东临卧龙街（今苏州市人民路），西倚东大街，南枕新市路，北至书院巷，占地面积约10万平方米，其中府学占地面积约6万平方米，文庙占地面积约4万平方米，就占地面积而言，在当时是仅次于曲阜孔庙的全国第二大孔庙，有江南学府之冠的赞誉。

从宋代到清代，苏州文庙不仅规模日益扩大，而且建筑布局也日臻完善，形成了以两条中轴线为标志的两大建筑群体。左路是以大成殿为中心的孔庙建筑群。整个建筑群坐南朝北，共有五进，分别为：黉门至洗马桥院庭；洗马桥至棂星门院庭；棂星门至戟门院庭；戟门至大成殿院庭；大成殿至崇圣祠院庭。左右建筑配例对称，前后建筑分布井然有序。右路是以明伦堂为中心的府学建筑群，同样坐南朝北，共有五进，分别为：泮宫至礼门院庭；礼门至仪门院庭，仪门至明伦堂院庭；明伦堂至敬一亭院庭；敬一亭至藏经阁院庭。亭台楼阁错落有序，校舍、池塘、假山、小溪、花木拱卫其间，形成了布局严谨、殿宇宏丽、气势磅礴的建筑特色。

清末科举废除，苏州文庙也日渐荒废。到了“文革”期间，文庙更是遭到严重破坏。1981 年，苏州市政府拨款重修文庙，同时在原址上建碑刻博物馆，这是当时全国首家碑刻博物馆，文庙从此获得新生。文庙现有面积约为全盛时期的六分之一，目前保留下来的重要建筑有棂星门、戟门、大成殿、崇圣祠、七星池、明伦堂等，另有数十棵古银杏及廉石、文天祥石刻等文物点缀其间。

现存文庙的主体建筑大成殿，是祭祀孔子的正殿，其建筑规模在苏州仅次于玄妙观三清殿。文庙大成殿北宋时称宣圣殿，经南宋绍兴、元大德、明宣德年间重建改作，现存建筑主体为明成化十年（公元 1480 年）所建，后虽经修葺并有所改动，但结构严谨，用料粗壮，风格古朴庄重，仍不失明代规制。而建筑细部如梁架结构、斗拱、鸱尾等则有宋代建筑的风格。现大殿为重檐庑殿筒瓦顶，面宽七间，进深六间，殿内共有 50 根楠木柱支撑，在全国亦属罕见。悬于大成殿正门重檐下的“大成殿”门匾，高 3 米，宽 2.2 米，雕刻精美，九龙戏珠用白云烘托，龙的造型姿态生动，云的雕刻线条精细流畅，“大成殿”三个金字为清世宗御笔。

棂星门建于元代至治二年（公元 1322 年），明成化年间重修，高 8 米，宽 25 米，8 柱，7 间，柱枋上镌刻龙凤、云鹤、花卉如意图案。棂星门一般为封建帝皇陵寝建筑，传说是按神话中的天门设计建造的。因为孔子被尊为孔圣，与皇帝并列，故享受此殊荣。现存的棂星门在“十年浩劫”中，从原文庙故址南端（新市路口）原封不动拆建到目前位置。戟门，又称大成门，现有建筑为明成化十年重建，清同治年间重修。硬山顶，面阔 5 间，25.5 米，进深 7 檩，12.5 米。戟门东西各三间称为掖门，其中东首第一间于 20 世纪 50 年代拓宽人民路时拆除。

2001 年 6 月 25 日，苏州文庙作为明代古建筑，被国务院批准列入第五批全国重点文物保护单位名单。

苏州玄妙观

坐落于苏州古城中心的玄妙观，是一组有千年历史的道教古建筑群，它创建于西晋咸宁二年（公元 276 年），是道教正一派胜地。据明代卢熊《苏州府志》记载，玄妙观“晋时号真庆道院”，宋称天庆观，元至正元年（公元 1335 年，一说元贞元年即 1295 年）始名玄妙观。后屡毁屡建，多次易名，民国元年（公元 1912 年）恢复“玄妙观”旧称。

据清朝道光年间《元妙观志》图载，清代玄妙观盛时占地 5.5 万平方米，共有 30 多座殿阁，是当时全国最大的道观。苏州最繁华的一条街——观前街，就是因其位于玄妙观前而得名的。从清康熙十三年（公元 674 年）玄妙观建筑群图上可以看到，当时玄妙观的范围东至洙泗巷，西临大成坊，北至旧学前河，南面有黄色照壁横亘正山门两侧，宋、元、明、清历代建筑齐备，十分壮观。当时，中轴线上自南而北依次为正山门、三清殿、弥罗宝阁，其他建筑分布在 25 处自成院落的“子院”内，如众星拱月般从东、西、北三面围绕着中轴线上的主要殿宇，形成一片巍峨壮丽的建筑群。

晚清至民国初年，玄妙观多座建筑被焚毁，玄妙观渐趋衰落。建国后，曾整修三清殿等，但“文革”中又遭到破坏。自 20 世纪 80 年代起，玄妙观再度得到整修，但未能恢复旧观。现存建筑有正山门、主殿（三清殿）、副殿（弥罗宝阁）及 21 座配殿，其中正山门、三清殿、雷尊殿和计姆阁四座建筑保存较完整。

南宋淳熙六年(1179 年)重建的三清殿是玄妙观正殿,也是观内最大的建筑,其设计者是当时著名画家赵伯驹之弟赵伯肃。三清殿面阔九间,进深六间,高约 30 米,建筑面积 1125 平方米,重檐歇山。玄妙观三清殿是苏州市内目前仅存的南宋大殿建筑,也是江南地区规模最大的一座南宋木结构殿堂建筑。殿柱排列,纵横成行,内外一致,共有七列,每列 10 柱,无“减柱”或“移柱”,俗称“满堂柱”。屋面坡度平缓,出檐较深,斗拱疏朗宏大,特别是内部月亮式梁架上檐内槽斗拱的上昂做法,为国内首例。三清殿前面有月台,月台面阔 27.2 米,进深 16.3 米,中央立铁鼎。正面与左、右各踏跺,周以青石勾栏。1982 年,玄妙观三清殿被列为全国重点文物保护单位。

苏州拙政园

位于苏州市东北街178号的拙政园，是苏州园林中面积最大的古典山水园林，也是江南园林的代表。该园是中国四大名园之首、全国重点文物保护单位，被誉为“中国园林之母”、“天下园林之典范”，1997年被联合国教科文组织列为世界文化遗产，迄今为止同时具备这四项桂冠的，全国仅拙政园一家。

拙政园的前身是唐代诗人陆龟蒙的住宅，元朝时为大弘(宏)寺，后荒废。明正德四年(公元1509年)，御史王献臣仕途失意归隐苏州后将其买下，聘著名画家文徵明参与设计蓝图，历时16年建成私家园林，借用西晋文人潘岳《闲居赋》中“是亦拙者之为政也”之句取园名。根据文徵明在《王氏拙政园记》中的描述，一开始建造此园时，就发觉这块地地质松软，积水弥漫，不太适合盖太多的建筑。因此文徵明以水为主体，辅以植栽，因地制宜设计出了各个景点，并将诗画中的隐喻套进视觉层次中。

500多年来，拙政园屡易其主，曾一分为三，园名各异，或为私园，或为官府，或散为民居，直到20世纪50年代才完璧合一，恢复初名“拙政园”。今拙政园辖地面积约83.5亩，开放面积约73亩，园中现有的建筑，大多是清咸丰九年(公元1850年)作为太平天国忠王府花园时重建。

现今拙政园分为东、中、西三个相对独立的部分。中部是拙政园的主景区，也是全园的精华所在，面积约18.5亩。其总体布局以水池为中心，亭台楼榭皆临水而建，有的亭榭则直出水中，具有江南水乡的特色。建筑形体不一，高低错落，主次分明，总的格局仍保持明代园林浑厚、质朴、疏朗的艺术风格。中部景区的建筑名称大都与荷花有关，表达园主"出淤泥而不染"的高洁品质，如以荷香喻人品的"远香堂"是中部景区的主体建筑，位于水池南岸，隔池与东西两山岛相望。池水清澈广阔，遍植荷花，山岛上林荫匝地，水岸藤萝纷披，两山溪谷间架有小桥，山岛上各建一亭，西为"雪香云蔚亭"，东为"待霜亭"，四季景色因时而异。远香堂之西的"倚玉轩"与其西船舫形的"香洲"遥遥相对，两者与其北面的"荷风四面亭"成三足鼎立之势，都是赏荷的佳处。倚玉轩之西有一曲水湾深入南部居宅，这里有三间水阁"小沧浪"，以北面的廊桥"小飞虹"分隔空间，构成一个幽静的水院。此外，中部景区还有微观楼、玉兰堂、见山楼等建筑以及精巧的园中之园——枇杷园。

西部原为"补园"，面积约 12.5 亩，水面迂回，布局紧凑，依山傍水建以亭阁。补园主要建于清中叶之后，当时流行工巧、造作的艺术风格，但水石部分同中部景区的风格仍较接近，而起伏、曲折、凌波而过的水廊和溪涧则是苏州园林造园艺术的佳作。西部主要建筑为靠近住宅一侧的三十六鸳鸯馆，这是当时园主人宴请宾客和听曲的场所，厅内陈设考究。晴天由室内透过蓝色玻璃窗观看室外景色，犹如一片雪景。三十六鸳鸯馆的水池呈曲尺形，其特点为台馆分峙，装饰华丽精美。回廊起伏，水波倒影，别有情趣。西部另一主要建筑"与谁同坐轩"是一座扇亭，两侧实墙上开着两个扇形空窗，一个对着"倒影楼"，另一个对着"三十六鸳鸯馆"，而后面的窗中又正好映入山上的笠亭，笠亭的顶盖则恰好配成一个完整的扇子。西部其他建筑还有留听阁、宜两亭、倒影楼、水廊等。

东部原称"归田园居"，是因为明崇祯四年(公元 1631 年)园东部归侍郎王心一而得名。东部园区约 31 亩，明代的归园早已荒芜，现有建筑全部为近年新建，布局以平冈远山、松林草坪、竹坞曲水为主，配以山池亭榭，仍保持疏朗明快的风格，主要建筑有兰雪堂、芙蓉榭、天泉亭、缀云峰等。

早期拙政园中的建筑十分稀疏，仅"堂一、楼一、为亭六"而已，大大低于今日园林中的建筑密度。到晚清时期，厅堂亭榭、游廊画舫等园林建筑明显增加，中部的建筑密度达到了 16.3%。并且建筑趋向群体组合，庭院空间变幻曲折。如小沧浪，从文徵明所绘"拙政园图"中可以看出，仅为水边小亭一座。而八旗奉直会馆时期，这里已是一组水院，由小飞虹、得真亭、志清意远、小沧浪、听松风处等轩亭廊桥依水围合而成。水庭之东还有一组庭园，即枇杷园，由海棠春坞、听雨轩、嘉实亭三组院落组合而成，主要建筑为玲珑馆。在园林山水和住宅之间，穿插了这两组庭院，较好地解决了住宅与园林之间的过渡。同时，对山水景观而言，由于这些大小不等的院落空间的对比衬托，主体空间显得更加疏朗、开阔。这种园中园、多空间的庭院组合以及空间的分割渗透、对比衬托；空间的隐显结合、虚实相间；空间的蜿蜒曲折、藏露掩映；空间的欲放先收、欲扬先抑等手法，其目的是要突破空间的局限，收到小中见大的效果，从而取得丰富的园林景观。这种处理手法，在苏州园林中带有普遍意义，也是苏州园林共同的特征。

泰伯庙

泰伯庙又名至德祠、让王庙，在今无锡梅村镇的伯渎河畔。泰伯庙是为纪念周太王长子泰伯而建。泰伯，孔子称他为“至德”之人，司马迁在《史记》里把他列为“世家”第一。相传，他为了让位给弟弟，避居江南，在梅里（今无锡梅村一带）建“勾吴”国，筑“泰伯城”，这里因此成为吴文化的发源地。东汉桓帝永兴二年（公元 154 年），敕令吴郡太守麋豹在泰伯故宅立庙。魏晋时期的《吴地记》中有关于梅里泰伯庙的记载：“泰伯城筑于梅里平墟，周三里二百步，外郭三百余里。今日梅里乡亦曰梅里村，泰伯庙在焉。城东五里曰皇山，一名鸿山，有泰伯墓。”

元末，由于江南地区的连年战乱，梅里泰伯庙已十分破旧。洪武十年（公元 1377 年）在无锡县城内小娄巷建了新的泰伯庙“以便祀事”。明弘治十三年（公元 1500 年），无锡知县姜文魁重修泰伯庙：“即旧祠之傍而别创之，规制宏拓，堂庑翼然，春秋享祀，设道士世守，以奉香火，示民报本也。”姜文魁“重构殿寝门堂，规制有加于昔。”“立石表，置祭器，列入祀典。”从此“殿寝明堂，圭洁靓深，石表对峨，过者悚息，春秋献享，永永无怠。”这次修建奠定了 500 年来泰伯庙的基础，从此以后，梅里泰伯庙成为祭祀、纪念泰伯的中心。弘治修庙以后，过了近百年的时间，梅村泰伯庙又“日就倾圮……墙垣檐宇，莫支霜露，庭中古柏，半供樵苏。”这次由驻庙道士募得倪瓒（即著名画家倪云林）的捐资，于万历二十四年（公元 1596 年）重新修复了泰伯庙。这次修葺之后，泰伯庙每过几十年即能得到一次修缮和扩建。

明天启三年(公元 1623 年)、清康熙三十一年(公元 1692 年)、五十七年(公元 1718 年)、乾隆三年(公元 1738 年)、嘉庆二十三年(公元 1818 年)、道光二十九年(公元 1849 年)相继进行修缮和扩建，使得泰伯庙颇具规模，增加了许多建筑，丰富了它的人文内涵。经过世代修建，泰伯庙沿中轴线自南至北有金水河、香花桥“至德名邦”石坊、棂星门、戟门、至德殿、祖师殿、关帝殿；中轴线以东为东院，东院有三让堂、尊德堂、仓厅、小让王殿、大夏堂、慈俭堂、圣堂、还山小筑；中轴线以西的西院有珠宝堂、云山深处、德洽堂、采芝堂、隔凡楼、大树堂。至清朝后期，泰伯殿已形成规模宏大的古建筑群，成为江南有名的古迹。然而，清咸丰十年(公元 1860 年)无锡被太平军攻陷后，泰伯庙除大殿和两庑之外，其余所有建筑全被拆除烧毁。清末民初，两庑亦遭火灾，大殿虽巍然独存，但亦已破旧。民国年间，吴氏族人稍稍复建了一些建筑，抗战胜利后还举行过盛大的祭祖活动。解放后，泰伯庙重新遭受极左路线的蹂躏，20 世纪 50 年代初，被梅村师范的学生毁了泰伯的塑像，匾联全部亡失，不久之后，庙内建筑概被占据派做他用。至“文革”期间，危害更烈。改革开放后，泰伯庙获得了新生，1984 年，人民政府拨款对泰伯庙进行了重修。经过 1990 年的大修，许多建筑得到了复建。

现在，泰伯庙以崭新的面貌呈现在人们面前。庙前立照池，池上架单孔拱形石桥，名“香花桥”。桥北立花岗岩石牌坊，上镌“至德名邦”四字。坊北是由六根青石柱加青石护墙组成的棂星门。进了棂星门，是 1980 年重建的庄严的戟门。过戟门后是第二个院落，面阔五间的泰伯庙主体建筑至德殿巍然而立。在修复泰伯庙至德殿时，发现至德殿的建筑虽在中轴线上，但向西南稍偏 15°，而泰伯墓也有这个特点。说明当年修建泰伯庙墓时，采用了一种特殊的礼制。重修至德殿正脊上鸱吻时，恢复了明代式样。对至德殿的梁枋施用了明式包袱锦彩绘，给人以一种质朴古老的感觉，又具有南方的特色。

2006 年 5 月 25 日，泰伯庙和墓作为明至清古建筑，被国务院批准列入第六批全国重点文物保护单位名单。

泰州光孝寺

位于泰州市五一路西段的光孝寺，始建于东晋义熙年间（公元405—418年）。北宋崇宁二年（公元1103年）重修后，徽宗赵佶以年号赐寺名为“崇宁万寿寺”。南宋绍兴八年（公元1138年），高宗赵构诏令光孝寺摆设道场超度其父徽宗赵佶，并将寺名改为“万寿报恩光孝禅寺”。

金兵南下后，光孝寺毁于战火。南宋宁宗庆元二年（公元1196年），时任住持的德范和尚开始大规模修复光孝寺，庆元五年（公元1199年），“重屋八檐，东西百三十六尺，南北九十六尺，高百一十尺”的大雄宝殿落成，取名为“最吉祥殿”。同时在大殿之侧建了以“碧云”为题额的六楹高阁，还建成方丈室、寮房、厨库、水陆堂及左右庑厢等。次年，大诗人陆游撰写了《泰州报恩光孝禅寺最吉祥殿碑记》，并作七言铭文，赞美泰州光孝寺“是邦巍然千柱宫，中有广殿奉大雄”。

到了清朝初年，光孝寺殿宇因年久失修，逐渐衰颓。乾隆九年（公元1744年），性慧和尚任光孝寺住持，将光孝寺改禅宗为律宗。经过几代僧人的努力，到乾隆四十年（公元1775年）左右，光孝寺先后建成了香雨楼、左右长廊、观音殿、地藏殿、韦驮殿、天王殿、山门殿、方丈前后楼、斋堂、祖堂、祝禧厅等。乾隆四十一年（公元1776年），又在最吉祥殿的东北处建成了一座“千华戒坛”，作为传戒道场。戒坛高十级，周长七丈八尺，全部用汉白玉建成，是江苏规格和质量最高、最为秀美的石戒坛。

至清朝末年，光孝寺香火鼎盛，占地面积40多亩，南北通长50余丈，主体建筑有山门殿、天王殿、最吉祥殿（大雄宝殿）、藏经楼四进，另有钟楼、钟板堂、西板堂、法堂、祖堂、斋堂、千华戒台、戒台殿、碧云丈室、传汝楼、小休楼、观音殿、地藏殿、韦驮殿等数百座建筑分列主轴两侧，气势恢弘。

其后，光孝寺又几经兴废，其主要建筑或被逐渐拆除，或因年久失修而倒塌。1984年光孝寺恢复开放，并被列为江苏省重点寺庙之一。此后，逐步修复了山门殿、天王殿、大雄宝殿、藏经楼、东西偏殿等建筑。其中位于中轴线正后方的藏经楼，是光孝寺主体建筑群中体量最大的一座仿古建筑，钢筋混凝土框架结构，三重檐歇山式，总建筑面积为2836平方米，高两层，面阔七间，外部有走廊。屋面上铺黄琉璃瓦，屋脊为九套龙吻脊，青砖铺地，木质仿古槅扇排门，木质仿古槅扇花窗，古朴庄重。此外，光孝寺内还保留有小休楼、传汝楼两幢明清建筑。经过多年修复，光孝寺近年来已形成庭院式的建筑群，有藏经楼、最吉祥殿、天王殿、万佛塔等标志性建筑。阅尽1600余年沧桑的光孝寺，又恢复了“岌岌丹楼远似霞”的繁盛，成为文化古城泰州的象征。

泰州日涉园（乔园）

位于泰州市海陵南路的日涉园，原为明朝万历年间太仆寺卿陈应芳的私人住宅，始建于明万历二年（公元1574年），是苏北地区现存最古老的古典园林。后来日涉园辗转归两淮盐运使乔松年所有，故又称“乔园”。

新中国成立后，日涉园收归国有，被改建为政府招待所。我国园林泰斗陈从周教授曾实地考察日涉园，称赞它“厅事居北，水池横中，假山对峙，洞曲藏岩，石梁卧波等，用极简单的数物组合成之，不落常套，光景自新”，因此称其为“淮左第一园”，认为它“在古典园林的研究上，不失为一地区的实例”。1990年，泰州市依照清代周庠“三峰园景图”对日涉园进行修缮，保持了园中明代建筑的风貌。2006年，泰州市政府又启动了乔园扩建工程，在保留原有风格的基础上，恢复了日涉园鼎盛期的十四处景点，并增加次景区、衬景区和宅院区。扩建后，日涉园的园林面积从原有的1500平方米扩大到12 000平方米。

扩建前，日涉园布局小巧紧凑，恰似一座大型盆景。园虽小，却厅、堂、楼、阁、轩、亭一应俱全。全园地势南低北高，以山响草堂为中心，草堂后的镂窗花墙将全园分为前后两园，一显一隐。建造者根据各种建筑的不同用途确定不同体量，亭台楼阁形式各异，高低不等，如高处有松吹阁、绠汲堂、因巢亭，小溪边有数鱼亭，高墙边则伫立着歇山半亭。全园建筑布局精当，错落有致，使园中的空间达到了巧妙的平衡。

扩建后的日涉园分为东西两部分，核心景区基本保留日涉园原貌，仍以山响草堂为中心，另有因巢亭、绠汲堂、松吹阁等建筑。其中山响草堂是青砖黛瓦、飞檐翘角的古典建筑，屋面翘角既不象北方地区那样平缓，又不像南方地区那么高昂，体现了南北建筑的交融汇合，是泰州园林建筑的代表作。与山响草堂相对的绠汲堂建在高台上，有回廊漏窗和海棠屋脊，轻巧优美，气势不凡。西部新增的次景区中，建有来青阁、皆绿山房、蕉雨轩、午韵轩、二分竹屋等，以院落将其与核心景区隔开，来青阁则成为连接东西部分的枢纽。次景区又与日涉园原有的住宅部分相连，起到了过渡作用。日涉园现为江苏省省级重点文物保护单位。

网师园

网师园地处苏州旧城东南隅葑门内阔家头巷，是苏州园林中极具艺术特色和文化价值的府宅园林。全园布局紧凑，建筑精巧，空间尺度比例协调，以精致的造园布局，深蕴的文化内涵，典雅的园林气息，当之无愧地成为江南中小古典园林的代表作品。

网师园始建于南宋淳熙年间（公元 1174—1189 年），其前身是宋代藏书家史正志“万卷堂”的花园，名为“渔隐”，后废。至清乾隆年间（约公元 1770 年），退休的光禄寺少卿宋宗元购之并重建，定园名为“网师园”。网师乃渔夫、渔翁之意，又与“渔隐”同意，含有隐居江湖的意思，园内的山水布置和景点题名也蕴含着浓郁的隐逸气息。乾隆末年，园归瞿远村，按原规模修复并增建亭宇，俗称“瞿园”。今“网师园”规模、景物建筑是瞿园遗物，保持着旧时世家一组完整的住宅群及中型古典山水园。

网师园现面积约 10 亩，总面积还不及拙政园的六分之一，但小中见大，布局严谨，主次分明又富于变化，园内有园，景外有景，精巧幽深之至。建筑虽多却不见拥塞，山池虽小却不觉局促。全园清新有韵味，被陈从周誉为“苏州园林小园极则，在全国园林中亦属上选，是以少胜多的典范”。清代著名学者钱大昕评价网师园：“地只数亩，而有迂回不尽之致；居虽近廛，而有云水相忘之乐。柳子厚所谓‘奥如旷如’者，殆兼得之矣。”

网师园分三部分，境界各异。东部为住宅，中部为主园，西部为内园（风园）。住宅部分共三进，屋宇高敞，自大门至轿厅、万卷堂、撷秀楼，沿中轴线依次展开，内部装饰雅洁，外部砖雕工细，堪称中国古代仕宦宅第的代表作。由大门门厅至轿厅，东有避弄可通内宅。轿厅之后，便是大厅，即万卷堂。万卷堂前的砖雕门楼是清乾隆年间所建，高约 6 米，宽 3.2 米，厚 1 米，雕刻精致，饱经沧桑 300 余年后仍然古雅清新，完好无损，享有“江南第一门楼”的盛誉。门楼东西两侧是黛瓦盖顶的风火墙，古色古香。顶部是一座飞角半亭，单檐歇山卷棚顶，戗角起翘，黛色小瓦覆盖，造型轻巧别致。屋檐下枋库门系四方青砖拼砌在木板门上而成，并以梅花形铜质铆钉嵌饰，既美观大方，又牢固实用。万卷堂后撷秀楼原为内眷燕集之所。楼后五峰书屋为旧园主藏书处。三进厅堂、后院和梯云室都有侧门或廊通往主园，正通道为轿厅西侧小门，楣嵌乾隆时砖额“网师小筑”。

主园以水池“彩霞池”为中心，池上有“引静桥”。桥呈弓形，全部采用金山石造就。引静桥体态小巧，长仅 2.4 米，宽不足 1 米，因三步可走完全桥，故俗称之为“三步小拱桥”。引静桥虽小，但石栏、石级、拱洞一应俱全，是一座精致的袖珍小桥。桥顶还刻有牡丹浮雕，线条柔和，花形秀美，可以让人欣赏把玩。小型园林绝少使用拱桥，而网师园中的引静桥一反传统而行之，优美的小拱桥与幽邃的窄涧、雅致的低闸构于一处，相得益彰，互不见其小。彩霞池东、南、北方向分别有射鸭廊、濯缨水阁、月到风来亭及看松读画轩、竹外一枝轩，集中了春、夏、秋、冬四季景物及朝、午、夕、晚一日中的景色变化。小巧轻盈的环水亭榭与山水错落映衬，疏朗雅适，廊庑回环，移步换景，诗意天成。体积较大的楼馆或障以山石树丛，或退隐于后，不逼压水面，又使园景富于层次深度。

西部内园占地约 1 亩，北侧有小轩三间，名“殿春簃”，是明代建筑，原为书斋。轩北略置湖石，配以梅、竹、芭蕉成竹石小景。轩西侧套室原为著名画家张大千及其兄弟张善子的画室“大风堂”。殿春簃建筑、家具、宫灯多具明代特点和风格，小院作为典型明代风格的庭院盛誉海内外。1979 年，美国纽约大都会博物馆以殿春簃为原形建造了中国式庭院“明轩”，次年作为中国古典园林走向世界的首例蓝本，在美国纽约大都会艺术博物馆落户，使中国园林闻名于世。

文游台

文游台是古秦邮八景之一，位于高邮市区东北隅、扬淮公路与邮兴公路交汇处。文游台原为始建于北宋太平兴国年间（公元976年）的东岳行宫的一部分，是筑在东山顶上的高台建筑，现存建筑大部为清嘉庆十九年（公元1814年）重建。据《高邮州志》记载："宋苏轼过高邮，与寓贤王巩、郡人孙觉、秦观载酒论文于此。时郡守以群贤毕集，题曰文游台。"自宋以来，此处名胜一直吸引四方文人学士前来访古拜贤。

历史上，文游台多次兴废，南宋淳熙年间王诇、嘉泰年间吴铸、开禧年间张革，明代正德年间胡尧元，清代顺治年间吴之俊，康熙年间曾懋蔚，嘉庆年间师亮采，光绪年间洪磐以及民国年间王宜仲等曾先后主持过文游台及台前盍簪堂的修缮工程。宋人应武《重修文游台》载："孙莘老、秦少游，邦之先哲，尝与苏子瞻、王定国载酒论文此台之上，匾曰'文游'。"1980年以后，江苏省文化厅和高邮市人民政府拨出专款复修了文游台、盍簪堂、四贤祠、秦观读书台等古建筑，并兴建了重光亭、映翠园、门厅、牌坊、展厅、碑廊等仿古建筑。1996年至1997年，对文游台主体楼落架大修，发现了20米长、近1米宽、最高达3.5米的宋代墙体和几个排水孔，印证了文游台始建于北宋年间的史实。

现今文游台为重檐歇山顶的二层楼厅，建筑面积420平方米。下层面阔五间，进深四间，东西两壁嵌有苏轼、秦观的墨迹《秦邮续帖》石刻，正面是当代著名画家范曾所绘的“四贤（苏轼、孙觉、秦观、王巩）聚会”的瓷砖壁画，楼上面阔三间，为登高望远之佳处。“古文游台”四字为清代著名学者王士祯所书。

文游台前为盍簪堂，单檐歇山顶，前有卷轩廊，面阔五间，进深三间，建筑面积193平方米。盍簪堂堂内东、西、北三面嵌有石刻《秦邮碑帖》25方和《东坡小像》《祝东坡生日图》《修禊图》画像三方。文游台西侧是明代建造的专为纪念苏轼、孙觉、秦观、王巩的古四贤祠，有门厅三间，祠宇三间。门厅为砖雕门楼，中部为“文王访贤”，两侧上方为“文武状元”，下为“渔樵耕读”，形象生动，是有很高艺术价值的砖雕精品。祠后是幽静典雅的秦观读书台，再往西还有“映翠园”、“重光亭”等古典建筑。文游台门厅东西两侧为仿古园林式的博物馆展区，主要陈列有《高邮上下五千年》《龙虬庄出土文物》及《高邮历代名人》等，为人们了解高邮的历史文化提供了一个窗口。文游台现为江苏省省级文物保护单位。

翁同龢故居

坐落在常熟古城区翁家巷门的翁同龢纪念馆，是清末"两朝帝师"翁同龢的故居，翁同龢在这里度过了青少年时光。1990年，翁同龢的玄孙美籍华人翁兴庆先生将祖业捐献给国家，其中的主体建筑彩衣堂于1996年被国务院公布为第四批全国重点文物保护单位。

彩衣堂初名"森桂堂"，始建于明代成化、弘治年间。清道光十三年(公元1833年)，翁同龢之父翁心存购得森桂堂，奉养母亲。因《二十四孝》中老莱子"彩衣娱亲"故事，而更名为"彩衣堂"，同时也寓有世代为官、彩衣满堂之义。这是一所具有典型江南建筑风格的住宅，坐北朝南，占地约4620平方米，至今保存完好，有大小房屋90余间，画梁雕栋，气势宏伟，成为完整体现明清时期江南名门望族住宅特点的典型代表。

现翁同龢故居大致可分为东、中、西三路，门厅设在东路，进门有东厅三间，后设小楼三楹。中路为主轴线，前后六进，依次为门厅、轿厅、堂楼和下房两进。堂楼左右设厢房。第三进正厅彩衣堂古朴典雅，是翁家接待宾客和日常议事场所。彩衣堂面宽三间14.98米，进深九架14.03米，前轩后廊，扁作梁架，用材硕大。梁枋檩等处施彩绘116幅，部分画面施沥粉堆塑。后步枋高悬"彩衣堂"匾额，为道光十五年(公元1835年)江苏巡抚陈銮所书。彩衣堂东侧是花厅，又称玉兰轩。在中轴线西侧有思永堂、柏古轩、明厅、晋阳书屋等及“小南国”园林胜景，布置有序，曲折幽深。

翁同龢故居就建筑规模而言在中国古代官宦宅第中不算突出，但值得一提的是，彩衣堂有江南地区保存最完好的明代包袱锦彩绘，集雕、塑、绘于一体，制作精良、内容丰富、图案古朴、色彩素雅，是苏州传统建筑彩绘的优秀代表作，也是一笔珍贵的传统文化遗产。

吴门桥

位于苏州盘门外的吴门桥，跨京杭大运河，是陆路出入盘门的必经通道。因吴门桥的桥下是水上交通要道，为使过往船只通行无阻，故而桥孔颇为高宽，桥身高高隆起，它也是江苏省现存最高的单孔古石拱桥。

据《吴县志》记载：吴门桥始称新桥，又名三条桥，宋元丰七年（公元 1084 年），为结束盘门摆渡的历史，郡人石氏出资兴建了“新桥”。因河面比现在宽阔得多，“新桥”是由北岸两座相接的木桥加南岸的石桥组成，故又称“三桥”。此后，吴门桥多次毁坏、重修，如南宋绍定年间（公元 1228—1233 年）重建，将“三桥”改建成三孔石桥，桥名也改为吴门桥；明正统年间（公元 1436—1449 年），苏州知府况钟再建；弘治十一年（公元 1498 年）水利郎中傅潮重修；清顺治三年（公元 1646 年）、雍正十二年（公元 1734 年）重修；同治十一年（公元 1872 年）重建为单孔石桥并一直保存至今。

现存吴门桥以苏州金山花岗岩构筑，杂有少量宋代旧桥所遗的武康石，成为建桥历史悠久的见证。桥身上窄下宽，全长 66.3 米，中宽 4.8 米，拱券净跨 16 米，自水盘石面至桥栏顶通高 11 米，长系石 11 根，纵联并列砌置。1989 年，部分拱券石被船只撞落，修补时发现各拱券石之间用定胜形榫卯拼接，以增加牢度，避免移位。条石桥栏凿成凹凸状，犹如靠背椅。桥额阴刻楷书桥名，两侧间壁上刻“同治十一年壬夏四月，苏省水利工程总局重建”字样。南北坡各有步阶 50 级，全以整块条石铺设。北端金刚墙左右两翼均砌有宽约 0.6 米的纤道，为纤夫穿越桥洞的便民设施。

吴门桥朴素古雅，是一座具有典型的江南水乡特色的石桥。它与邻近的盘门城楼、瑞光塔一起被称为“盘门三景”。2002 年，吴门桥被列为江苏省文物保护单位。

西园戒幢寺

创建于元至元年间（公元 1264—1294 年）的西园戒幢寺，位于苏州阊门外，上溏河从门前潺潺流过，隔虎丘路与留园东西相望。戒幢寺本名归源寺，明嘉靖年间衰落，成为太仆徐氏的私宅，名西园。后徐氏舍园为寺，称“复古归元寺”。崇祯八年（公元 1635 年），茂林律师来此住持，改奉律宗，名戒幢律寺。清咸丰十年（公元 1860 年）毁于战乱。光绪初年（公元 1875 年）由广慧和尚筹资修建，并改名为西园戒幢寺。寺内现存建筑和雕塑多为清末民初所建。至新中国成立前，因年久失修，庙宇破烂不堪。1980 年，西园戒幢寺修复一新，与寒山寺、灵岩寺并称苏州三大寺。

现寺内的主要建筑有天王殿、大雄宝殿、观音殿、罗汉殿、藏经殿、禅堂和西花园放生池等。殿宇黄墙、红门，灰瓦覆顶，颇为壮观。寺内松柏参天，露台宝鼎矗立，以雄伟取胜。戒幢寺的罗汉堂建于清朝，三进四十八间，五百罗汉像为木质金身，形体大过真人，刻工极为讲究，人物构思奇特，各具神态，是近代木雕之精品。如此规模的罗汉堂，在全国已不多见。大雄宝殿为清代建筑，重檐歇山，七楹南向，大殿以西为明代西园遗址，园内宽广明净，放生池居中，四周环绕苍松翠柏、亭台馆榭，曲槛回廊掩映在花木山石之间，形成一派秀丽开畅的景观。

自 20 世纪 60 年代以来，西园戒幢寺即先后被列为苏州市和江苏省文物保护单位。“文革”期间，西园寺是苏州唯一没受到严重破坏、基本保持完整的寺院。1983 年，西园戒幢寺被国务院确定为汉族地区佛教全国重点寺院。

戏马台

位于徐州市户部山上的戏马台，是徐州现存历史最悠久的古迹之一。公元前 206 年，项羽灭秦后自立为西楚霸王，定都彭城（今徐州），于城南里许的南山上构筑崇台，以观戏马、演武和阅兵等，故名戏马台。关于戏马台及其战略地位，北宋文学家苏轼曾有这样一段宏论：“城三面阻水，楼堞之下以汴泗为池，独其南可通车马，而戏马台在焉，其高十仞，广袤百步。若用武之世，屯千人其上，聚垒木炮石凡战守之具，以与城相表里，而积三年粮于城中，虽用十万人不易取也。”可见作为军事家的项羽筑戏马台，并不限于娱乐，更重要的是出于战略考虑。

历史上各个朝代在戏马台场地上营建了不少建筑物，如台头寺、三义庙、名宦祠、聚硅书院、耸翠山房、碑亭记等，其中以风云阁最为著名，可作为戏马台古迹的标志。风云阁又称戏马台碑亭，建于清道光二十八年（公元 1848 年），双层飞檐，六角啄空，丹柱釉瓦，高耸三丈有余，翘然立于台中，颇具风采。其南檐下嵌有四字篆额：“从此风云”。亭内石碑镌有“戏马台”三字，古朴庄重，气势恢弘，为戏马台增色不少。由于徐州迭遭水患兵灾之苦，其他建筑大多倾圮，到了近代，宽阔的戏马台只剩下风云阁了。1986 年初，徐州市人民政府重修戏马台，重修后的古台结构严谨，布局匀称，错落有致，沉雄庄重。

现戏马台布局依山冈地形，逐步上递，错落有致。经山门，照壁上有“拔山盖世”篆刻大字。东侧高台基上，置有铜铸巨鼎一座，上镌“霸业雄风”。鼎呈长方形，双耳四足重 6.5 吨，高 2.25 米，长 1.91 米，宽 1.51 米。鼎腹铸有歌颂项羽历史功绩的《戏马台鼎铭》铭文一篇。一道琉璃瓦檐赭墙，连接东面两处古朴典雅的四合院。东院称“楚室生春”院，由穿廊、雄风殿和东西配殿组成。殿前立有西楚霸王项羽的石雕像，高 2.85 米，顶盔贯甲，足踏岩石。雄风殿为“楚室生春”院正殿，殿前卷棚抱厦的两根蟠龙柱系珍贵文物，是戏马台建筑群中留存的古老构件之一，雕工粗犷，造型生动。雄风殿后壁上嵌有一组“西楚春秋”壁画，长 14 米，高 1.3 米，再现了项羽英勇悲壮的一生。

西院称“秋风戏马”院。戏马堂是该院的主要建筑，堂周环以回廊，24 根丹柱绕堂排立，四壁为雕花窗棂。堂中屏风为“秋风戏马”图，反映当年项羽在虞姬陪侍下，观看士卒驰马操练的场景。东配殿的壁画，由 144 块大小不等的正方形和长方形砖坯雕刻烧制而成，长 9 米，高 2 米，描画的是项庄舞剑的场面，再现了当年鸿门宴的紧张气氛。西配殿为一大型壁画，勾勒了兵败垓下后霸王诀别爱姬的离愁场景。

戏马台台名碑石树于台顶重檐六角亭的风云阁内，碑石高 2 米多。碑上“戏马台”三字为明代徐州兵备右参政柳城莫与齐所书，笔锋遒劲，为当年旧物。崇台位于戏马台顶、风云阁后。由于地势较高，登台四眺，古城尽入眼帘。戏马台北侧有曲廊、追胜轩、集萃亭和系马桩、乌骓槽等景点。曲廊内嵌有历代文人雅士吟咏戏马台的诗词石刻 50 余通，多出于古今名家之手。

千古以来，人们接踵凭吊戏马台，追思盖世英雄项羽。公元 416 年，东晋大将刘裕北伐奏捷，班师路经彭城，恰逢重阳佳节，便在戏马台大宴群僚，以壮军威。唐代诗人储光羲在《登戏马台作》诗中云：“天门神武树元勋，九日茱萸飨六军。”写的就是刘裕在重阳节宴群僚于戏马台。公元 450 年，北魏拓跋焘举兵南下，曾立毡帐于戏马台上，运筹帷幄，虎视城中。文臣武将和诗人骚客或登临高台扼腕痛惜，或触发思古之幽情，谢灵运、张籍、苏轼、陈师道、文天祥、萨都剌、袁枚、阎尔梅等，在此都留下传世之佳篇。戏马台现为徐州市文物保护单位。

仙鹤寺

仙鹤寺又名清白流芳礼拜寺，位于扬州市区汶河路东，与广州怀圣寺、泉州麒麟寺、杭州凤凰寺并称为国内沿海著名的四大清真寺。

仙鹤寺始建于南宋德祐元年(公元 1275 年)，系普哈丁来扬州传教时募款建造。相传普哈丁为伊斯兰教创始人穆罕默德十六世裔孙，宋朝时从阿拉伯(古称大食国)来中国传播伊斯兰教。他从当时的都城洛阳出发，途径武昌沿长江到宋时阿拉伯人聚集较多的城市扬州。在武昌停留期间，他对黄鹤楼的古老建筑风格极感兴趣，更对李白的"故人西辞黄鹤楼，烟花三月下扬州"的诗句赞叹不已，不由激起他对仙鹤的遐想，认为如果百年之后，进入天堂，与真主同在固然不错，假如死后，或到麦加圣地能乘黄鹤而走，不是更佳吗？就这样，他带着这一想法来到扬州，在构寺时将寺庙的主体建筑按照仙鹤的体形来布局：大门对面原有照壁墙为"鹤嘴"(1958 年拆毁)；寺门是仿唐建筑，翘角牌楼，犹如鹤首昂起；从寺门至大殿，是一条狭长弯曲的甬道，形似鹤颈；寺的主体建筑礼拜殿为鹤的身躯；大殿前，左右两侧各有水井一眼，作为鹤目；大殿南北两侧有飞檐起翘的半亭，如同鹤翼(南侧半亭即望月亭，北侧半亭已圮)；大殿后左右两侧庭院，有古柏两株，以喻鹤腿；殿后原临河，编植翠竹，形如鹤尾。仙鹤寺因此而得名。

建成后的仙鹤寺建筑组合主次分明，协调对称，构思十分巧妙。

既符合伊斯兰教寺院的要求，又突破阿拉伯圆形穹顶尖拱门等建筑特点，大胆地采用中国大屋顶殿宇的建筑形式，成为中阿人民友好的象征。仙鹤寺曾于明洪武二十三年（公元1390年）重建，嘉靖二年（公元1523年）重修，后屡加修葺。该寺具有传统特色的古建筑多为清代所建。目前寺内主要建筑有礼拜殿五间、阿訇住房、水房（浴室）、望月亭（明月亭）和藏经之用的八角亭等。另有偏厅三间、明代楠木老厅三间。礼拜殿是中心建筑，由前后两部分组成，前部为单檐硬山顶，后部为重檐歇山顶，两顶勾连搭成。

扬州仙鹤寺融合了伊斯兰建筑和中国古代建筑的风格特点，虽迭经修建，至今仍保留宋、明、清三代遗迹，一直为海内外所珍视。现为江苏省重点文物保护单位。

言子墓

常熟虞山东麓有一座孔子弟子言子之墓。言子(公元前506—公元前443年)名偃,字子游。传说为春秋时常熟人,到鲁国就学于孔子,是孔子三千弟子中唯一的南方人。言子勤奋好学,以文学见长,学成南归,道启东南,被尊为"南方夫子"。

据言氏谱牒记载,西汉武帝时,言子的十七世孙言成大开始为言子修墓。自南宋开始,随着封建帝王对儒学的日益重视,各朝地方官员都对言子墓进行保护和修缮,如南宋端平三年(公元1236年),常熟县令王爚明令对墓道进行保护。明弘治十年(公元1497年),知县杨子器重修言子墓并树碑立石。嘉靖二十七年(公元1543年),巡按御史陈九德复立碑植树。(以上两石均佚)崇祯九年(公元1636年),苏松巡按御史路振飞重修言子墓,立"先贤子游言公墓"石碑。清康熙年间,江苏参议王缥重修墓道等。

新中国成立后,言子墓也多次得到重修。现存的言子墓坐西朝东,规模宏大,历代所建墓上建筑基本保存完整。墓门面对常熟市北门大街,长达142米的墓道延伸至半山腰。墓道自下而上共有三道牌坊,都是花岗石三间冲天式,均有匾额柱联。第一座石坊是乾隆三十二年由言子裔孙言汝洙等奉敕所建,高7.8米,通宽11.15米,正中匾额镌刻"言子墓道"。第二座石坊是乾隆二十三年(公元1758年)所建,乾隆在公元1751年首次南巡时,言子的裔孙迎驾苏州,得乾隆御书"道启东南"四字,遂建石坊。这座石坊高4.71米,通宽 10.05 米，正面镌刻“道启东南”，背面镌刻“灵萃勾吴”。第三座石坊位于罗城前，是雍正年间江苏布政使鄂尔泰所建，额题“南方夫子”，高 4.65 米，通宽 9.68 米。

乾隆三十五年，在半山墓道中间建了一座重檐歇山顶石亭，上有康熙御书、髹漆悬额“文开吴会”，后人称为“御书亭”。此外，言子墓的附属建筑还有罗城、祭台、石桥（文学桥）、围墙、碑亭、石碑等。墓冢封土直径约 3.5 米，高 1.6 米。言子墓是江南著名的大型墓葬，1956 年 10 月及 1982 年 3 月，两次被公布为江苏省级文物保护单位。

盐城新四军纪念馆

盐城市拥有我国唯一的一座专业性新四军纪念馆，纪念馆由主馆区、建军广场（铜马广场）、新四军重建军部旧址（泰山庙）三部分组成。

主馆区位于盐城市建军东路北侧，建成于1986年，分为群雕、碑林、展厅、园林四个景区，占地约50亩，南北长330米，东西宽110米，整体轴线明确，空间缩放有致。展览大厅极富现代气息，建筑造型巧妙地体现了新四军的“四”字，展厅正门上方的东、西两边，各有一幅反映“皖南事变后新四军在盐城重建军部”和“新四军与八路军在白驹狮子口胜利会师”的旗形花岗石阴雕画。两幅画中间镶嵌着醒目的蓝白相间的“N4A”图形，这是当年新四军佩戴的臂章图案。展厅门前悬挂由前国家主席李先念题写的“国民革命军新编第四军重建军部纪念馆”金字匾额。展厅前的小广场正中立有一座11.75米高的“国民革命军新编第四军重建军部纪念碑”，碑前有喷泉。广场东西两侧分别有一组由半圆雕、高浮雕构成的红色花岗岩组合群像，高5米、宽7米，分别表现“英勇战斗”和“拥军支前”，再现了华中军民在中国共产党领导下英勇抗战的壮阔景象。

建军广场位于建军路和解放路的交界处，这里是盐城市的地理中心位置，也是盐城市最繁华的路段。在建军广场中央，屹立着一座新四军战士骑马的铜像：一位年轻英武的新四军战士身背大刀，手握缰绳，骑在前蹄奋扬的战马上，面向太阳昂首前进，象征新四军东进，开辟华中敌后抗日根据地。铜像高 4 米，长 3.8 米，重 3250 公斤，其梯形底座系用黑色花岗岩砌成，上面刻有原新四军第四师师长张爱萍上将的亲笔题词："新四军重建军部纪念塔"。这座塑像已成为盐城的城市标志。

新四军重建军部旧址位于建军西路 126 号泰山庙内。1941 年 1 月 25 日，新四军于皖南事变后在盐城重建军部，同年 2 月 27 日，军部迁驻泰山庙，刘少奇、陈毅等曾在这里办公。泰山庙始建于何时已不可考，据史料记载，明万历十年，当时的盐城知县杨瑞云曾对泰山庙进行过重修。泰山庙原为四进院房，入口处有八字墙(即古代大户人家或衙门、庙宇等大门两面呈"八"字形状的墙，一般上面写标语或者对联)，墙上书有"泰山庙"三个隶体大字；第二进为两层楼房；第三进是一座雄伟的大殿，两边建有数间厢房；第四进为藏经楼，位于庙内地势最高处，登楼可一览全城景色。抗战期间，泰山庙遭到日军飞机狂轰烂炸，破坏十分严重。日本投降后，泰山庙又被汪伪残部彻底破坏，至建国前夕，仅存遗址。1985 年，盐城市决定在原址重建泰山庙，次年 10 月建成并以"新四军重建军部旧址"之名对外开放。2006 年，新四军重建军部旧址被国务院批准列入第六批全国重点文物保护单位名单。

燕子楼

徐州有一座为古今文人墨客格外垂爱的名楼——燕子楼。唐贞元年间（公元 785—805 年），当时的武宁军节度使张愔镇守徐州时，在其府第中为其爱妾关盼盼特地建造了一座小楼，因其飞檐挑角，形如飞燕，且年年春天南来燕子多栖息于此，故名“燕子楼”。

唐贞元二十年（公元 804 年）春，大诗人白居易自长安东游徐、泗，受到了张愔的盛情款待，宴席间关盼盼的才貌举止给白居易留下了深刻的印象。后来，白居易从另一位诗人张仲素写的三首《燕子楼》诗中得知，张愔死后，关盼盼“念旧爱而不嫁，居是楼（即燕子楼）十余年，幽独块然，于今尚在”，为之扼腕，因而也作了三首绝句与张仲素相唱和，其中有“燕子楼中霜月夜，秋来只为一人长”等句。自此，燕子楼便与关盼盼忠于爱情的故事一起广为传唱。历代文人以燕子楼为题材吟诗填词、度曲作文，留下了不少千古佳作。如北宋文豪苏轼在彭城（今徐州）任职时，曾“夜宿燕子楼，梦盼盼”，醒后填了一阙《永遇乐》：“燕子楼空，佳人何在？空锁楼中燕。古今如梦，何曾梦觉，但有旧欢新怨。”元代有《燕子楼》杂剧，明代《警世通言》和清代《聊斋志异》等小说中都曾提及燕子楼，《红楼梦》里林黛玉所填的“咏柳絮”一词中也有“粉堕百花洲，香残燕子楼”的词句。

千百年来，燕子楼屡毁屡建，基址几经变迁，历经沧桑。唐景福二年（公元 893 年），朱全忠攻打徐州，徐州行营兵马都统溥战败，携妻子登此楼自焚而死，楼亦被烧毁。此后，州人思念关盼盼为人，多次续建续修燕子楼。明万历二十一年(公元 1593 年)，重修燕子楼于城西北隅。清光绪九年(公元 1883 年)，徐州知府曾广照移至城西南隅城亘上重建，楼上下两间，飞檐拱角，四面皆窗。光绪十五年(公元 1889 年)，徐州道段喆又迁建于城西北隅。1914 年重修。1928 年城墙被拆除，此楼亦被毁坏。1932 年又于城西南隅重建，当时楼为两层，楼前有面积约丈余的轩，壁间嵌有白居易《燕子楼》诗等刻石五方。日伪时期拆楼改建平房，遂使千古名楼再次湮没。1985 年，徐州市人民政府在云龙公园知春岛上重建燕子楼，楼为双层，坐北朝南，上下回廊环绕，南正门上方高悬书有“燕子楼”三个镏金大字的横匾，秀丽典雅，古朴美观，富有民族传统风格。楼内陈列着红木家具，悬挂着中国著名书法家赵朴初书写的白居易咏燕子楼的诗句。登楼远望，水浮绿洲，洲耸琼楼，四面临水，与北宋诗人陈荐《燕子楼》诗中“侍儿犹住水边楼”诗句所描述的佳境一致。

扬州鉴真纪念堂

扬州大明寺内有一座"鉴真纪念堂"。1963年，适值东渡日本传道弘法、为中日文化交流作出重大贡献的唐代高僧鉴真大师圆寂1200周年之际，中日两国都把纪念鉴真当做解冻两国外交局面的突破口。中国高层领导人决定，在鉴真担任过主持的扬州大明寺内，建造一座纪念堂。

纪念堂由我国著名建筑专家梁思成先生设计，他接受任务后专程赴日，参观奈良唐招提寺和日本其他一些古建筑，回国后，又对我国唐代庙宇建造风格进行研究，力图体现1963年中日两国商定的精神：不仅从意义上，而且建筑物本身也要成为中日友好的象征。鉴真大师在日本时亲自主持建造了唐招提寺，规模宏大，气势磅礴。寺内有佛殿、戒坛、金堂等唐式建筑，既体现了中国盛唐的建筑风格，又糅和了日本当时建筑的特点。而梁思成先生设计建造的鉴真纪念堂便是基本仿照招提寺主体建筑"金堂"样式，其用意当然是体现中日文化互相交融的特点。

1973年，扬州鉴真纪念堂建成。堂院占地2540平方米，坐北朝南，五间大殿，由一周檐柱、内柱及柱头上三层简洁的斗拱，形成单檐庑殿顶的仿唐建筑。檐柱为腰鼓状，粗可两人合抱，柱头斗拱线条浑圆飞动。屋脊上端立着洗练优美的鸱尾。鸱是神话中的一种动物，是一种旱鸟，传说鸱能够吸收海水，可以灭火，所以多用于木结构大殿上。

纪念堂分为两组，一组为四松堂构成的清式四合院，南为纪念馆，北为门厅，由游廊周接，天井内有四棵古松，廊悬云板、木鱼，非常清幽雅洁。另一组为仿唐式四合院，由纪念碑亭、纪念堂等组成，再由游廊将两建筑周接，园内植佳兰芳卉，其中樱花为 1980 年鉴真大师像回故里探亲时，日本奈良唐招提寺森本孝顺长老所赠。这两组纪念堂一为清式，一为唐式，分之为二，但同处一条中轴线上，又合之为一。

纪念碑是梁思成一夜之间设计而成的。我国传统的纪念碑以竖碑为多，碑面光滑，天花饰边框，而鉴真纪念碑采用横式，周围边框突出，中间阴文镌字，正面为郭沫若题“唐鉴真大和尚纪念碑”，背面刻赵朴初在纪念堂奠基典礼上写的文章。底座的花饰采用莲花座作底，莲花座之上有卷叶草为主题的纹样花饰。卷叶草是唐朝特有的草，以象征鉴真生活的年代。纪念碑既打破传统格局，又在传统基础上作出创新，有了时代感。

纪念堂正殿没有使用一根铁钉，全部靠斗拱和榫卯相连。重复交叠的斗拱，可以完美地解决垂直和水平两个不同方向的重力过渡，将屋顶的重量传递到柱上。木头的连接则由榫卯完成。当不同方向的榫卯组合在一起时，相互之间的作用力便会抵消，并最终完成了整座建筑的结构，构成了神奇微妙的力学平衡。同时在发生地震时，木材所固有的柔韧，会将震波渐渐消解。这便是木结构建筑历经沧桑不倒的原因。鉴真纪念堂在建筑结构上，成为重现唐代木结构建筑的标本。

扬州双博馆

扬州双博馆位于扬州市文昌西路明月湖西侧，由扬州中国雕版印刷博物馆、扬州博物馆新馆组成。扬州博物馆的历史最早可追溯到1951年建立的扬州“文物馆”及同年筹建的“苏北博物馆”。2003年8月经国务院批准，成立了扬州中国雕版印刷博物馆，将扬州广陵书社收藏的30万古书版片与扬州博物馆合二为一，建造“双博馆”。

双博馆2003年10月开工建设，2005年4月土建工程竣工，同年10月全部工程竣工并对外开放。建成后的双博馆总占地面积50 730平方米，建筑面积22 146.99平方米，陈展面积10 000平方米。双博馆的造型十分优美，由自然的曲线勾勒出两片荷叶的形态，与人工湖相互呼应，和周边的环境融为一体，充分体现了人与自然和谐统一，建筑与自然交融合一的设计理念。自然流畅、没有棱角的建筑外观线条又巧妙地反映了水的属性，是扬州地方特色文化精神的提炼，建成后的双博馆成为扬州市的标志性建筑之一。

双博馆分主楼和附楼两幢，主楼建筑面积20 991.7平方米，北库区附楼建筑面积1155.3平方米。容积率0.44，建筑密度15.9%，绿化率45.6%。主馆建筑高度22.4米，为三层框架结构，局部四层。主楼分为三部分，东部为扬州中国雕版印刷博物馆，西部为扬州博物馆，中部共享大厅有机连接两馆，使整个建筑融为一体。

舣舟亭

位于常州市延陵东路南侧京杭大运河畔的舣舟亭，始建于南宋，亭址为北宋大文豪苏轼来常州时泊舟登岸处。宋神宗熙宁六年（公元 1073 年），苏东坡在杭州通判任内运司，差往润州（今镇江），路过常州城时曾在这里系舟野宿。苏轼曾为此写过一首诗，题为《除夕夜宿常州城外》。苏轼去世后，里人建“舣舟亭”以表达对他的纪念，“舣舟”二字的意思是“系舟”或“停船”。清朝康熙、乾隆二帝南巡时都曾登临此亭。乾隆更是三次驻跸于此，并亲自题写了“玉局风流”匾额。

乾隆二十二年（公元 1757 年），乾隆皇帝命大臣钱维城绘舣舟亭图。钱维城为了再现这一历史古迹，认真考察了地理环境，查阅了历史资料和地方志后，动笔绘制了《舣舟亭图卷》。《舣舟亭图卷》全图绘林亭竹石，外亘长堤，傍堤停行舟一艘，岸左有古松二株，苍劲挺拔，松下有亭，亭额名曰“舣舟亭”，亭边有数拳窝石，其后是修篁翠秀。亭右隔丛石有屋宇栉比，为文成里街坊，亭左为孙氏旧宅，占地甚广，墙垣沿河岸而筑，院内有大堂侧室，前庭宏廓，临河墙内是圆形二层的万寿亭。登高可览运河之胜景，亭前的洗砚池隐约可见。周围树木繁茂，初春天气，树枝吐芽，一片生机。院之左侧为小山，山左小溪一湾，流水潺潺，有一板桥飞架对岸，可到树下小憩。从这幅图卷可以想见舣舟亭当年风貌。

舣舟亭在历史上几度毁建，现存之亭为 1984 年重建。重建后的舣舟亭，重檐歇山顶，由金山石柱八根承托亭盖，四角双檐飞甍九脊，饰有精美砖雕和木雕，亭顶有二龙戏珠，还有苍松仙鹤、神龙游鱼等图案，具有很高的艺术价值。“舣舟亭”三字摹乾隆手迹。正面石柱镌刻楹联为“舣舟亭畔喜留东坡居士；洗砚池边曾驻西蜀诗人”；“二月江南好风景；故人此日共清明”。亭下有御碑亭及乾隆二十二年(1757)由孙氏馆移此之“东坡洗砚池”。舣舟亭现为常州市级文物保护单位。

雨花台烈士陵园

雨花台烈士陵园位于南京市中华门外约一公里处，占地153.7公顷。六朝时，雨花台曾因景色秀丽，被誉为江南三大登览胜地之一。然而，就是在这片风景秀美的地方，1927年“四·一二”政变至1949年4月，国民党反动派大规模囚禁和屠杀共产党人、革命志士。1949年12月12日，南京市第一届人民代表会议作出决议，在这里建设雨花台烈士陵园，以缅怀先烈并教育后代。

1950年7月1日，雨花台凤台岗上竖起奠基纪念碑。1976年夏，建筑大师杨廷宝教授应邀主持设计雨花台烈士陵园纪念馆。这是杨廷宝主持设计的最后一座建筑，1979年，陵园北大门和北殉难处烈士就义群雕建成。遗憾的是，杨廷宝没有看到这部宏伟作品的最后落成，就于1982年病逝了。杨廷宝教授逝世后，他的学生齐康教授主持完成了整个雨花台烈士陵园建筑群的设计建造。1983年6月，邓小平为雨花台烈士纪念馆和雨花台烈士纪念碑题词。1984年，南京市人民政府又动工修建了规模宏大的纪念碑和纪念馆。雨花台烈士陵园的设计与建造长达38年之久，前后征集的设计方案多达500余个，设计方案之多，历经时间之长，参与人数之广，可谓全国之最。

烈士陵园现分为六个区，即中心纪念区、名胜古迹区、花卉区、风景林区、纪念茶园和青少年活动区。其中纪念区位于陵园中心，由烈士纪念碑、纪念馆、北殉难处烈士就义群雕、西殉难处烈士群墓以及东殉难处烈士纪念亭等建筑组成，约占陵园面积的三分之二。整个建筑群沿一条长达1500米，高低落差近百米的中轴线排列，南北取直，左右对称，是国内最长的纪念性建筑群。走进陵园北大门，最醒目的就是雨花台主峰北坡的花岗岩雕烈士群像。这是我国也是亚洲最大的群雕石，由179块花岗岩拼装而成。群像高8.5米，加上底部全高11.5米，重量近2000吨。群雕由党的工作者、知识分子、工人、农民、战士、学生等九位烈士形象组成，上实下虚，着重刻画了烈士们坚贞不屈的表情。

雨花台的主峰上伫立着高大的烈士纪念碑。纪念碑高42.3米，隐喻南京4月23日的解放纪念日。碑前摆放了10座石棺，象征着在雨花台英勇就义的10万革命英灵。雨花台主峰南边，有一方矩形的纪念池。水池的南北两端各有一座石碑，其中一座铭刻着《国际歌》，另一座铭刻着《国歌》。水池边肃立着神情庄重的男女塑像。纪念池的南边，是坐落在任家山上的纪念馆，与北高峰的纪念碑遥相呼应。这是一座具有民族风格的现代建筑，建筑平面呈“凹”字型，屋顶运用简化了的中国传统古建筑的檐、脊及斗拱，轮廓简洁而庄重。

雨花台烈士陵园的最南端，是尖顶方形的忠魂亭。如果说陵园长长的建筑轴线是一首庄严的史诗，那忠魂亭就为这首长诗画上了一个完美的句号。整个建筑群以浑然一体的白色，安卧在常青的绿树环抱之中。

皂河安澜龙王庙

皂河安澜龙王庙，俗称乾隆行宫，坐落于宿迁市西北20公里处的古镇皂河。乾隆皇帝南巡时曾五次在这里驻跸祭祀。龙王庙始建于清代顺治年间，改建于康熙二十三年（公元1684年）前后，清雍正五年（公元1727年）在原庙宇基础上扩建。现存龙王庙占地33亩，有殿阁亭台20多处。坐北朝南，布局对称，重檐斗拱，气势雄伟。

皂河安澜龙王庙是三院九进封闭式合院的北方宫式建筑群，规模宏大，轴线分明。整体呈长方形，有双重红色围墙。中轴线上建筑物主次清晰，错落有致。自南向北，整个建筑群分为六大部分。最南端为古戏楼，1976年被拆毁，现仅存1.4米高的石基。古戏楼向北是青砖铺设的宽阔广场，广场两边有两根六丈高的木质神杆，神杆两边有相对应的“河清”、“海晏”牌楼。广场北侧是山门，山门两侧有一对威风凛凛的石狮守卫，其中雄狮重2.8吨，雌狮重2.76吨，造型生动，用料考究。山门正门的正上方，青砖镶嵌着乾隆皇帝御笔题写的七个镏金大字“敕建安澜龙王庙”和一方“乾隆御笔”印。

第一进院落中心位置是乾隆皇帝下旨建造的御碑亭，平面呈六角形，面积53平方米，12根朱红抱柱擎托着六角重檐攒尖顶的伞状黄色琉璃瓦屋面，六角圆柱上精刻着形象各异的十八罗汉像。碑亭正中耸立着一块 5 米高的御碑。整个御碑亭造型大方，凝重端庄，内外施柱，黄瓦红饰，充分显示了皇家建筑的特点。

御碑亭的东边是钟楼，西边是鼓楼，钟鼓二楼建筑的形制、布局、尺度相同，每座建筑面积均为 103 平方米，重檐歇山卷棚顶，屋面苫盖筒瓦。钟楼内悬挂着嘉庆十八年马士魁敬铸的八角铁钟一口，重 2000 多斤。鼓楼内摆放着直径 1.4 米的大鼓一面。御碑亭的北面是怡殿。怡殿位于中轴第一道院和第二道院的相交处，面阔四间，进深三间，正门悬挂“法雨慈云”大匾一块，殿内供奉四大金刚坐像。

第二进院落是龙王庙的中心。御道上的主体建筑是“龙王殿”，又称“绿瓦殿”。龙王殿两侧对应的是东、西配殿，东殿供奉“五湖神”，西殿供奉“四海一井神”，面阔七间，进深四间，占地面积 435 平方米。龙王殿是龙王庙最具特色的主要建筑之一，殿宇重檐歇山，清式龙吻。黄、绿、蓝为主的六色琉璃瓦覆面。殿前是汉白玉的月台和栏杆。大殿额枋高悬“福佑荣河”镏金匾一块，月台左右各有一座宝藏库，昔日用来焚烧字纸。月台当中为祭龙台，台中有重达一吨多的大铁鼎一尊。整个龙王殿雕梁画栋，斗拱飞檐，结构严谨。

第三进院落是龙王庙行宫的最后一进院落，也是乾隆皇帝当年下榻的寝宫。第二进、第三进院落的相交处横向轴线上的建筑分别是灵宫殿和东西庑殿。中轴线北端是禹王殿，也叫观音殿。禹王殿属于宫式大作，重檐硬山，屋面饰黄色琉璃筒瓦和龙吻，大殿分上下两层，占地面积 360 平方米，面阔七间，进深五间，坐落在青石板筑成的 1 米高的须弥台上，殿高 20 多米，是龙王庙内最高的殿宇。底楼额枋上悬挂“功崇利薄”镏金大字的朱红匾额一块。二楼的楼板是由 304 块纵横组合的绘有龙凤呈祥彩色画面的木板吊制而成，对对龙凤翩翩起舞，多姿多态。东西两头暗间，分属方丈室和藏经室，由暗间扶梯登楼即可进入顶层。乾隆五次驻跸龙王庙都是夜宿于此楼，人们称为“正宫”。与正宫相呼应的是位于正宫两侧的东宫和西宫，是随同乾隆南下的皇妃们居宿的地方。

与乾隆寝宫相配套的“东廊院”和“西廊院”，是东西宫的附属院落，位于寝宫横向轴线上。东廊院有僧房和斋室(亦称御膳房)20 余间，西廊院有书房和客厅(亦称御书房)20 余间。结构对称，形制相同。两廊院的南边都有一座“御花园”，有亭、台、楼、榭，小桥流水，各种奇花异葩四季飘香。

龙王庙行宫这一珍贵的古建筑群，在“文革”中一度遭到破坏，造成不可估量的损失。20 世纪 80 年代初，文物保护专家多次对龙王庙行宫考察论证，认为“敕建安澜龙王庙”是全国众多乾隆行宫中规格最高、规模最大，唯一保持较为完好且最具价值的清代北方宫式古建筑群，保护好这一清代文化遗产，对于研究古代建筑艺术和清代历史文化的发展有着十分重要的意义。1983 年，江苏省人民政府公布其为省级文物保护单位。2001 年，“安澜龙王庙”又被国务院公布为全国重点文物保护单位。此后，各级人民政府和文物管理部门制订了系统、细致的抢救方案和维修措施，使这一古建筑群得到了有效保护。

镇淮楼

雄踞淮安市中心的镇淮楼,是古城淮安的地标性建筑。镇淮楼为砖木结构城楼式单体建筑物,始建于北宋年间,距今已有800多年历史。淮安(现淮安市楚州区)"扼江北之要冲,为南北交通之孔道",纵贯淮安全境的大运河,是当时南北交通的命脉。南粮北运,要从运河穿长江,越淮河,才能北上。船只以到淮安视为安全,无论文武官员,显宦世家,巨商富贾,文人墨客和僧道名流,都要登楼祭酒,以庆幸运。北宋年间,镇淮楼的前身——镇江都统司酒楼因此应运而生。在元代,淮安"置总管府,用以控制南北舟车转输",楼上便悬挂"南北枢机"、"天澈云衢"的金字匾额。明代楼上置"铜壶滴漏",用以报时,故又名"谯楼"。后又置大鼓专伺打更、报警,故又称为"鼓楼"。清代乾隆年间,因水患不断,人们为震慑淮水,更名为"镇淮楼"。

镇淮楼原高三丈五尺,因年深日久,风雨侵蚀,毁坏倒塌,曾几经修建。现存建筑主要为清光绪七年(公元1881年)重建式样,但在原有基础上有所扩大。1959年,当时的淮安县人民政府集资重修镇淮楼,原有形状虽有改变,但仍保持古代宫殿的风格。重修后的镇淮楼,变木结构为砖木结构,改花墙为实墙,东西两边砖梯改为直角条石阶梯,四周皆可登楼。楼宇坐北面南,楼基仍由砖土筑成,东西长36米,南北宽23米,拱顶高3.2米,宽4.8米。四周有回廊,回廊宽1.9米。东西两侧为拾级而上的方砖踏步。基台上是两层砖木结构的高楼，面阔三间，东西长 6.8 米，南北长 3.4 米，全楼通高 18.5 米。楼顶为重檐青瓦九脊式，歇山顶，四角飞檐顶端镶嵌的四个瓦制龙头玲珑剔透，双目圆睁直视，大口吞云吐雾，似有腾飞之势。整个建筑结构坚实，风格浑厚，造型优美。

1945 年淮安第一次解放时，在楼上开设过图书馆，案上摆满革命书籍和马列著作。解放初期，这里陈列着历史文物，被列为省三级文物保护单位。现镇淮楼为淮安市市级文物保护单位，并被辟为楚州区博物馆展览厅，四周建有市民公园。

镇江江天禅寺（金山寺）

镇江市金山上的江天禅寺（金山寺），始建于东晋明帝时（公元323—325年），初建时又称“泽心寺”。北宋真宗年间，因真宗梦游金山，便赐名为龙游寺。从元代起，又称金山寺。清康熙南巡时，给金山寺题写了“江天禅寺”的匾额，尽管这块匾额至今仍挂在寺的门楣上，但这座著名的寺庙还是以金山寺之名远播海内外。它与宝光寺、文殊院、高旻寺并称为长江流域四大禅宗丛林。明朝著名画家文徵明曾绘有《金山图》，画中江水茫茫，微波荡漾，金山如浮玉飘浮在波涛之上，山色青碧，上面有一栋栋画檐朱宇，展现了当时金山和金山寺屹立扬子江心的秀美雄姿。

金山寺的建筑格局打破了中国寺庙坐北朝南、寺分三路的建筑传统，它的大门西向而开，正对长江，殿宇厅堂皆依山而造，使山与寺融为一体。金山之巅矗立着慈寿塔、江天一览亭、留玉阁；大、小观音阁围绕山顶；七峰亭、妙高台、楞阁台等环绕山腰；法海洞、仙人洞、白龙洞等镶嵌山壁；大雄宝殿旧址、天王殿、藏经楼、念佛堂、方丈堂依傍山脚。各种建筑以曲廊、回檐和石级相连，形成楼上有塔、楼外有阁、阁中有亭的“寺裹山”的奇特格局。

寺中的慈寿塔高约30米，砖木结构，八面七级，矗立于数重楼台殿宇之上，似乎把金山拔高了许多。慈寿塔始建于南朝齐梁时期，原为两座，南北对立，后倒塌。宋哲宗元符年间（公元1098—1100年）重建，成为一座八面七层塔。明隆庆三年（公元1569年）又进行过重修。现在看到的慈寿塔，是光绪二十六年(公元1900年)修建的。离塔不远有一凉亭，因宜于赏云望江，称为“留云亭”、“吞海亭”；亭内立一石碑，上刻有康熙御书的“江天一览”四个大字，故又名“江天一览亭”，这是欣赏金山胜景，俯瞰镇江全貌的最佳去处。

位于山脚的大雄宝殿，为重檐歇山式建筑。殿内有两面巨大的圆形凸面镜，可摄金山全景。大雄宝殿曾于1948年毁于火灾，1990年重建后的大雄宝殿既保持了原有的建筑特色，又采用钢筋混凝土结构，使大殿更加坚固庄严。金山寺现为全国重点文物保护单位。

郑板桥故居

“扬州八怪”之一、清代著名书画家郑板桥，青少年时代曾居于现兴化市东城外郑家巷。郑板桥所居住的房屋，原是他的父亲郑立庵家居和教书之处。做了山东范县县令后，郑板桥委托在家乡的堂弟郑墨建造了一处房屋。他自己选择了造屋的地段，构想了房屋的基本格局，并要求“俱用草苫”，以示盖房只是为了“聊避风雨”。但后来郑板桥的愿望没有实现，家乡的亲人还是为他建了一座瓦房。这座占地 200 余平方米的清代建筑，1983 年全面修缮后，以“郑板桥故居”之名对外开放。

虽然不是茅屋，郑板桥的这座故居与“县令府邸”给人通常的印象差距还是非常大。它是一座普通甚至局促的民宅，即当地常见的三门独院一龙梢的青砖瓦房。房屋坐北朝南，共有两进，正屋三间，朝北下屋三间，另有门楼一座，厢房（小书斋）一间，以及西边小小的一间厨房，都是青砖墙，屋顶铺着灰黑色的瓦，朴素而安详。前后两排房屋之间夹着一个小小的院子，栽有两丛翠竹和一些花草。院落中间有一道粉墙，墙上开有两道月洞门。这道墙将小书斋及书斋前的天井隔成一个单独的小天地，天井极小，沿墙遍植翠竹。书斋面积仅 10 平方米，墙上有一八角形小窗，窗下设有一张几案，凭几可望向窗外那婆娑竹影。郑板桥曾说过，自己画竹“无所师承，多得于纸窗粉壁日光月影中耳”，正是在这样简朴而富有雅趣的书斋里，板桥先生屡屡“写取一枝清瘦竹”，表达自己高洁的志向。

近年来修缮郑板桥故居时，在故居外整修了一个小园林，叠有假山，环以碧水。这个小园虽非故居旧有，但改善了故居环境，使郑板桥故居更显幽静。

中华门城堡

位于南京市中华路南端的中华门城堡，是南京明城墙 13 个内城门中规模最大的城门——中华门的瓮城。中华门城堡高 21.5 米，南北纵距 128 米，东西横距 118.5 米，占地 16 500 多平方米，是国内现存最大、最为完整的瓮城，被公认为是中国古代军事堡垒的杰出代表作。

明洪武二年至八年（公元 1369—1375 年），在南唐都城和南宋建康府城南门的旧址上拓建而成聚宝门，因面对聚宝山（雨花台）而得名。1931 年改称中华门。中华门城堡的平面呈“目”字长方形，由一道城门、三道瓮城、27 个藏兵洞、两条登城的礓礤和一条坡道组成。其三道瓮城由四道拱门（券门）贯通，每道城门都是双扇木质大门，包有铁皮，城门两边还有石槽，石槽内嵌有千斤闸。战争中御敌时，如果木质城门被敌军攻破，可从城上放下千斤闸以阻止敌军前进或退却。如今千斤闸早已不存，但从城上石槽仍能看出当年设计的机关原理。对外的第一道城门分上、中、下三层，上层原建有高大壮观的木结构庑殿式重檐筒瓦顶的镝楼，又名谯楼，惜毁于 1937 年侵华日军的炮火，现尚存台基残迹；中层为砖石结构（上面是城砖，下面用大条石），面北筑有七个藏兵洞；下层正中为瓮城甬道，面北左右各有三 个藏兵洞。二至四道城门为二层结构，上面有木结构绞关亭（闸亭现已无存），下层为砖石结构。瓮城的东西两侧各建有一条宽 11.3 米、长 86.1 米的坡道礓（斜坡式登城马道），供守军骑马上城。坡道东西两侧各筑有面东和面西的藏兵洞七个。整个城堡的 27 个藏兵洞，可埋伏士兵 3000 余人，战时足以对付困在瓮城中的敌军，平时还能用于物资的储备。

从建筑的角度来看，中华门城堡构思奇巧，建造精良，历 600 余年仍屹立于世。除木结构部分毁坏、砖石结构部分局部出现裂缝之外，城堡主体建筑至今基本保存完好，不能不令人惊叹。中华门城堡在我国城垣建筑史上占有极其重要的地位，是研究古代军事防御建筑不可多得的实物资料。

中山陵

坐落在南京钟山第二峰南麓的中山陵，是中国近代伟大的革命家孙中山(公元1866—1925年)先生的陵墓及其附属纪念建筑群。1926年3月12日，中山陵举行了奠基典礼。1929年春，陵墓建成，面积共8万余平方米。中山陵的设计者是民国著名建筑师吕彦直，他创造性地将整个陵墓设计成巨大的“中”字，同时又像警钟的形状：山下的孙中山先生铜像如同钟的尖顶，半月形广场如同钟顶的圆弧，而山顶墓室的穹隆顶，则恰似警钟的摆锤。构思庄重大气，又别出心裁。

建成后的中山陵，坐北朝南，依山而筑，牌坊、墓道、陵门、碑亭、祭堂等层层递进。山下是半月形广场，广场入口处有一座三阙门式仿古牌楼式牌坊，由花岗石建成，上有孙中山先生亲笔所书“博爱”二字。石牌坊后是长375米、宽40米的墓道。墓道前端就是中山陵的陵门，以象征苍天的青色琉璃瓦为顶，门额上为孙中山的手迹“天下为公”四个大字。

再进为碑亭，碑亭平面近似方形，阔约12米，高约17米。碑亭中树有一块高约9米的碑石，上面刻着由国民党内四大书法家之一谭延闿手书的“中国国民党葬总理孙先生于此　中华民国十八年六月一日”鎏金大字。

从陵墓入口处上达祭堂共有10级平台，392级台阶，象征当时中国总人口3亿9千200万。台阶由花岗石砌成。台阶的尽头便是位于海拔158米的祭堂。在祭堂前的平台上，还有两座华表。祭堂为仿宫殿式的建筑，堂顶采用中国传统的重檐歇山式，上面铺着蓝色琉璃瓦，融中西建筑风格于一体，高29米，长30米，宽25米。祭堂南面三座拱门为镂花紫铜双扉，门楣上刻有“民族，民权，民生”横额。中门上嵌有孙中山先生手书“天地正气”直额。步入祭堂，中央安放着孙中山先生的大理石坐像，这是法籍波兰雕刻家保罗·兰窦斯基1930年在巴黎用意大利白石雕成。坐像的底座镌刻有六幅浮雕，是孙中山先生一生从事革命活动的写照。两壁墙上刻有孙中山先生手书的镏金《建国大纲》全文。

祭堂后有墓门二重，两扇前门用铜制成，门框则以黑色大理石砌成。上有中山先生手书“浩气长存”横额。二重门为独扇铜制，门上镌有“孙中山先生之墓”石刻。进门为圆形墓室，成覆釜状，安置着捷克雕刻家高琪所雕中山先生汉白玉卧像，像下5米左右为孙中山先生灵梓所在，外用钢筋混凝土密封。

中山陵以传统风格为主，兼蓄西方建筑之精华，既有中式照壁，又有西式门楼，而在一些建筑的西式框架内，还有着中国传统建筑所采用的手法，无论是形体组合，色彩运用，材料安排还是细部处理，都取得了极大的成功，被认为是南京民国建筑初创阶段的最高成就。

除中山陵主体建筑之外，音乐台、光化亭、流徽榭、仰止亭、藏经楼、行健亭、永丰社、中山书院等纪念性建筑，众星捧月般环绕在陵墓周围。这些建筑多由海内外爱国人士捐赠，它们不仅寄托了捐赠者对孙中山先生的崇高敬意和缅怀之情，而且多出于建筑名家之手，具有极高的艺术价值。

中山陵音乐台

南京中山陵风景区有一座音乐台，位于中山陵广场东南。占地面积约为4200平方米，由华侨与原国民党辽宁省部捐款，著名建筑师杨廷宝设计，利源营造厂承建，1932年秋动工兴建，1933年8月建成。音乐台是中山陵的配套工程，主要用作举行纪念孙中山先生仪式时的音乐表演及集会演讲，是我国当年唯一的露天大舞台。

整个音乐台为钢筋混凝土结构。场地平面布局呈半圆形，在半圆形圆心处设置一座弧形乐坛，乐坛两侧设有台阶与花棚衔接。在乐坛后面有一堵汇集音浪的大照壁，坐南朝北，高11.3米，宽16.7米，水平截面为圆弧形，仿中国传统五山屏风样式，略呈围曲，立于须弥座上，既是舞台背景，又是声音反射板。照壁两上角龙头外伸，立牙饰浮雕方回纹，造型古朴浑厚。台前曲池莲花，水池呈半月形，池半径为12.67米，用以汇集露天场地的天然积水，池水终年不涸，可以增强乐坛的音响效果。设计者巧妙利用草坪的自然起伏，设计成由高到低的半圆形观众席，可容观众3000余名，天工人巧，衔接无缝。周边紫藤花架宽6米、长150米，呈半圆形展开，形成等距离的节奏和旋律美。

音乐台的建筑设计是中国传统风格与西方古典建筑风格相结合的一个范例。一方面，它的平面布局和立面造型具有浓郁的古代希腊风味，另一方面，照壁与乐坛的细部处理，又是中国古典园林的表现手法。音乐台在利用自然环境以及平面布局和立面造型上，充分吸取了古希腊建筑艺术特点；而在照壁、乐坛等建筑物的细部处理上，则采用中国江南古典园林建筑艺术的表现手法，从而既有开阔宏大的空间效果，又有精湛雕饰的艺术风范，达到了自然与建筑的完美和谐统一。

周王庙

周王庙，又称“英烈庙”、“周孝侯庙”，位于宜兴市宜城镇东庙巷内，始建于晋元康九年（公元 299 年），是为祭祀晋平西将军周处而建的专祠，原名周孝侯祠，宋绍兴年间赐庙额“英烈”，加封“武惠正应王”，才称周王庙。周王庙是宜兴城的地标，“周侯古祠”是“荆溪十景”之一。2000 年，宜兴市政府拆迁周王庙北侧民居，建成下沉式广场，广场中建石碑坊，由中国书法家协会主席沈鹏、著名画家吴冠中等题额，著名书法家欧阳中石、李铎等书写楹联。广场北端建“周处除三害”大型浮雕壁画，为紫砂工艺大师徐秀棠所制。在周王庙大殿东侧建轩，四周叠石植树，辟为周王别院。

周王庙现存建筑共三进。第一进为两层建筑，门楼五间，戏楼一座，东西看楼六间，都是 1994 年重建的仿古建筑。第二进为大殿“孝侯殿”，单檐歇山顶，面阔五间，进深九架，前为轩廊，同天沟相连。大殿框架为明嘉靖年间重建，清、民国年间又数次修缮。整个建筑立柱用花岗岩、阳山石和青石制作，显得高敞宏伟。大殿内有唐、宋、元、明、清历代碑刻 18 方，均系历代维修周王庙的碑记，其中尤以立于唐元和六年的陆机撰文、王羲之书《平西将军周府君碑》最为珍贵。第三进为后殿，称“世泽堂”，明代建筑，硬山顶，面阔五间，进深八架，祭祀周处及其祖父、父亲与儿子，殿内塑周处及其家族中五人的立像。2000 年维修后殿时，在其两侧增建两层楼耳房各三间。

周王庙是宜兴现存时代较早,规格最高的一处古建筑,其历史延革脉络清晰,具有较高的历史科学研究价值。1982 年 3 月被江苏省人民政府公布为省级文物保护单位。

周庄沈厅

在江苏著名的旅游胜地周庄，保存有大量明清和民国时期的建筑，其中有近百座古宅院和60多个砖雕门楼，还有一些江南水乡典型的过街骑楼和水墙门。在这些建筑中，规模最大、最具有代表性的当数沈厅。沈厅位于周庄富安桥东堍南侧的南市街上，占地2000多平方米，坐北朝南，七进五门楼，大小房屋共有100多间，分布在约100米长的中轴线两旁。

沈厅常被误认为是由明初著名人物沈万三所建，事实上，它是沈万三后裔沈本仁于清乾隆七年（公元1742年）建成，原名敬业堂，清末改为松茂堂。据《周庄镇志》记载："沈本仁早岁喜邪游，所交者皆匪类。及父殁，人有言'不出三年，必倾家者'。本仁闻之，仍置酒，召诸匪类饮，各赠以钱，而告之曰：'我今当为支持门户，计不能与诸君游也！'由是，闭门谢客经营农业，于所居大业堂侧拓敬业堂宅，广厦百余椽，良田千亩，遂成一镇巨室。"宅以"敬业"名，表达了沈本仁浪子回头的决心。

沈厅由三部分组成。前部是水墙门和河埠，这是江南水乡的特有建筑，专门供家人停靠船只、洗涤衣物之用；中部是墙门楼、茶厅、正厅，这是接送宾客，办理婚丧大事和议事的地方；后部是大堂楼、小堂楼和后厅屋，为生活起居之处。整个厅堂是典型的"前厅后堂"建筑格局。前后楼屋之间均由过街楼和过道阁连接，形成一个环通的走马楼，为同类建筑物所罕见。

七进厅堂内,占地170平方米的松茂堂居中。正厅面阔11米,前有轩廊,进深七檩11米,厅后有廊。正厅呈正方形,厅两边是次间屋,有楼与前后厢房相接。屋面为两坡硬山顶,除六檩至七檩为单屋顶棚,其余都是双屋顶棚。厅内梁柱粗大,镌刻有蟒龙、麒麟、飞鹤、舞风等花饰。厅堂中央悬匾一方,"松茂堂"三个凸出的泥金大字,为清末状元张謇所书。朝向正厅的砖雕门楼是五个门楼中最宏伟的一个,高达六米,三间五楼,上覆砖飞檐,刁角高翘,下承砖斗拱,两侧有垂花莲,下面是五层砖雕,布置紧凑。正中有匾额,刻有"积厚流光"四字,四周额框刻有精细的红梅迎春浮雕。砖雕门楼上还镌有人物、走兽及亭台楼阁等图案,包括《西厢记》《状元骑白马》等古典戏文,线条精细流畅,人物神态各异,栩栩如生。在一块长不盈尺的砖板上镌刻前、中、远三景,其刻工之精、构思之巧,足可与苏州网师园中的砖雕门楼媲美。大堂楼木梁架造型浑厚,一律为明式圆形图案。地板大多是60厘米左右宽的单幅松板,坚固结实,可以想见当年建造时工程的艰重。大堂楼的栏杆与棂窗制作较为精致,与前厅的建筑风格有所不同,属徽派风格。

沈厅在"文革"中遭受严重破坏。自1983年以后,沈厅的修复工程开始,先后修复了松茂堂、茶厅和大堂楼,开通了走马楼,后厅屋也已与波光粼粼的银子浜沟通。经过修缮的沈厅,恢复了清代建筑的风貌,成为受人欢迎的旅游景点。

周庄双桥

位于江南水乡周庄中心位置的世德和永安两桥，并称“双桥”，因出现于旅美画家陈逸飞的油画《故乡的回忆》中而世界闻名。

双桥始建于明万历年间（公元 1573—1619 年），其中世德桥由当地人徐松泉、徐竹溪出资建造，永安桥由当地人徐正吾出资建造。两桥相连，桥面一横一竖，桥洞一方一圆，形状很像古时候人们使用的钥匙，所以也被称为“钥匙桥”。双桥中，世德桥为石拱桥，横跨南北市河，长 16 米、宽 3 米、跨度为 5.9 米，桥东端有石阶引桥，伸入街巷；永安桥是石梁桥，平架在银子浜口，长 13.3 米、宽 2.4 米、跨度为 3.5 米，桥洞仅能容小船通过，桥栏由麻条石建成。清澈的银子浜和南北市河在镇区东北交汇成十字，河上的石桥联袂构筑，显得十分别致。清乾隆三十年（公元 1765 年）两桥皆重修，清道光二十三年（公元 1843 年）又由当地人捐资重建。1957 年永安桥再次修缮。

双桥的造型极具江南特色，最能体现周庄古镇的神韵。1984 年春天，著名旅美画家陈逸飞乘坐小船来到周庄，看到了双桥，觉得自己仿佛回到了记忆中的水乡童年。后来，他以双桥为背景，创作了一幅题名为《故乡的回忆》的油画。这幅油画在美国展出后，引起了很大的轰动。经过新闻媒体的宣传，双桥声名鹊起，周庄也因此从默默无闻的江南古镇一变而成为四方游人争相造访的旅游胜地。

紫峰大厦

南京市鼓楼区鼓楼广场，是南京最为繁华的区域之一，这里高楼林立。然而，在一片大厦丛中，年轻的紫峰大厦仍然以其无与伦比的高度、眩目的外观，显得鹤立鸡群。紫峰大厦是以办公为主，集商贸、宾馆、观光、会议等设施于一体的综合型大厦，主楼地上 89 层、地下 4 层，整体设计高度达 450 米，建成时是江苏第一高楼、世界第七高楼。

紫峰大厦用地面积达 12 721 平方米，建筑面积 160 000 平方米，于 2005 年 5 月底开工，2008 年 8 月 27 日，381 米的主体结构封顶。楼顶 69 米高的灯塔于当年 9 月完工。2010 年 9 月 28 日，紫峰大厦竣工，建筑造价约为 35 亿。紫峰大厦一次性浇筑混凝土方量就达 12 000 立方米，连续浇筑时间长达 55 小时，创造出南京建筑史上混凝土方量连续浇筑、浇筑时间等多项第一。基地内设一高一低两栋塔楼（主楼和副楼），用商业裙房将两栋塔楼联成一个整体建筑群。有 50 多部垂直电梯与 30 多部自动扶梯来保证整幢建筑的人流运输。

除了是南京标志性的摩天大楼外，紫峰大厦更是引领科技建筑的先锋，主楼外墙为单元式玻璃幕墙，采用低辐射高效能保温玻璃（LOW－E 中空玻璃），和常见的平板式不同，绿、蓝两组玻璃像龙鳞一样呈纵横交错的锯齿状，勾画出蟠龙模样的外立面。裙楼外墙为干挂石材，银灰色 LOW－E 中空玻璃，点杯灯具形成极富韵律的光束。

与上海金茂大厦一样，紫峰大厦也是由世界摩天大楼设计专家美国 SOM 设计事务所设计。在历史积淀深厚的南京，在查阅了大量南京的史料，深刻解读城市文化之后，史密斯设计师在建筑中融入了中国古老的蟠龙文化，蜿蜒流淌的扬子江以及花园城市的意象，独特的单元结构三角玻璃幕墙如龙鳞沿建筑盘旋而上，阳光下巨龙奋起，辉映南京的城市气质。建成后的紫峰大厦形态新颖独特，空间开敞，环境优美，科技含量高，在市民中具有极大知名度和高度认同感。